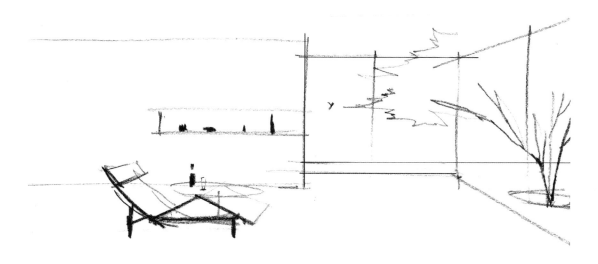

室内设计
快速表现技法 （第3版）

[日] 长谷川矩祥　著　李　明　译

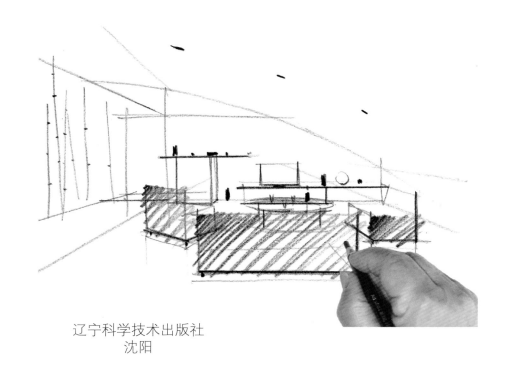

辽宁科学技术出版社
沈阳

前言

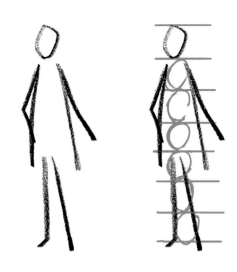

对于买了新房的人来说，室内装修也是一项重大工程。怀揣梦想的同时也会伴有些许担心和不安。多数人并没有太多的装修经验，对室内设计可能更是一窍不通。因此，在前期的交流中，对于设计师来说最重要的便是如何使设计方案通俗易懂，让业主很快理解。

和业主沟通的可视化在这个过程中发挥了重要作用。特别是在信息不足的交流初期，可视化呈现的效果非常理想。无论手绘水平高低，都需要在业主面前画出来。同时，就算绘画水平再高，不去动笔也毫无意义。有了快速表现效果图，或许就能在早期获得"对、对""就是这样"诸如此类的回应。又或者在早期得到"有点儿不对""NO"这样的意见，会为设计师后期工作提供很大的帮助。

本书主要介绍在进行快速表现室内设计方案时的技巧和经验。同时，本书着重介绍了如何使用更少的线条来进行快速表现，并根据花费时间分为10秒钟、1分钟、3分钟、5分钟、10分钟快速表现。绘画环境是他人面前或者业主面前，总之都以和他人的交流为前提进行快速表现。

设计师要在与业主面对面沟通的同时进行快速表现，而不是沉默不语埋头绘画。有人认为10秒钟或1分钟实在是画不出来，但笔者认为时间是一个很耐人

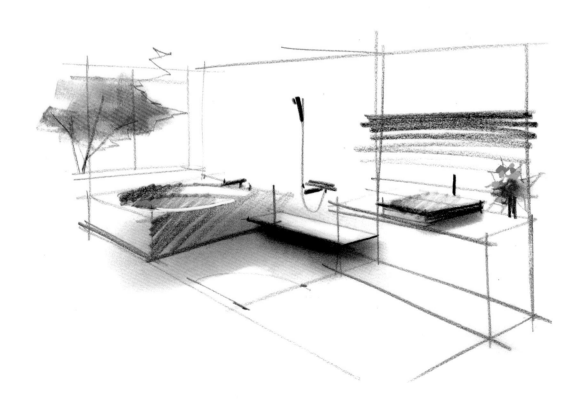

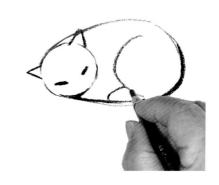

寻味的话题。10 秒钟可以完成"早上好""今天天气真好"之类的问候对话,在快速表现中 10 秒钟则可以完成家具或房屋构件的表现。

1 分钟,在秒针环绕一周的时间内我们可以做很多事儿,可以和他人进行简单的会话,或者描述一个故事的脉络;也可以剪剪指甲、掏掏耳朵、整理整理仪表。在快速表现中,1 分钟时间内,我们可以完成对玄关、客厅、卧室、浴室、盥洗室、洗手间等空间的描绘。

3 分钟,是从前电视上孩子们最期待的奥特曼大展身手的时间,但对现在娱乐活动丰富的年轻人来说情况大不相同。3 分钟也是拳击比赛的一个回合。虽然每个人利用时间的方式都不同,利用时间做何事也因人而异,但在 3 分钟内基本都可以完成一些简单的工作。在快速表现中我们则可以完成对客厅 – 餐厅一体式空间、一室一厅空间、厨房和餐厅空间等的描绘。

随着时代发展节奏的加快,3 分钟也不再是那么短的时间。时下,电子计算机的处理速度越来越快。虽然电子计算机可以快速生成效果图,灵活快捷地实时计算各个参数变化所带来的不同结果,但它无法让人们观察到画面的生成过程。通常情况下,快速表现可以在 5 分钟时间内完成上色。

无论科技如何进步,人体动作也不会大幅变快,而在他人面前专心绘画的样子却会让人感觉赏心悦目。但我们不能为了享受手绘过程而花上 30 分钟甚至 1 小时时间,我们需要加快手绘的速度,尽量在 10 分钟内完成一幅快速表现作品。为此我们可以加快手速,但手速的提高需要大量专业的技术训练,除此之外我们可以尝试省略线条,学习如何不画多余之物,从而更快地完成一幅快速表现作品。

对于设计师来说,重要的是如何改变进行快速表现的思维方式。设计师与业主沟通时进行的快速表现,始终处在其视野范围内,因此快速表现不是完成品而是始终处于未完成状态,无须追求画面的完美,而是要思考如何绘制出更多的快速表现图和透视图(或者画出更多的细节)来,未完成也 OK。此时的快速表现更像是记笔记,将沟通商议的内容用图画的方式记录下来。本书便致力于通俗地讲解这种快速表现技法。

设计师需要听取业主的期望和要求,然后提出建议并进行设计方案的快速表现。本书不仅包含了对建筑的门窗构件、家具、屏风间壁墙、照明设备、室内小品的表现,还讲解了人、床具、植物等的表现技法。在人们生活方式不断多样化的今天,希望本书可以帮助大家融会贯通,用快速表现去完成温暖、舒心、与自然和谐共生等多样主题的室内空间描绘。

虽然本书在快速表现效果图下标有几秒钟、几分钟,但并非必须在所标记的时间内完成,这只是大概的时间。相比拘泥于时间,在与业主的谈笑风生中愉快地完成室内快速表现更为重要。

目 录

前言 ·· 2

第1章　快速表现鉴赏 ··· 11

玄关和建筑外景 ··· 12

客厅空间 ··· 14

厨房和餐厅空间 ··· 16

一室一厅空间 ··· 18

卫浴空间（包含浴室、盥洗室、洗手间）············· 21

卧室空间 ··· 22

第2章　快速表现的基础 ································· 23

■10秒钟快速表现

快速表现基础 ·· 24

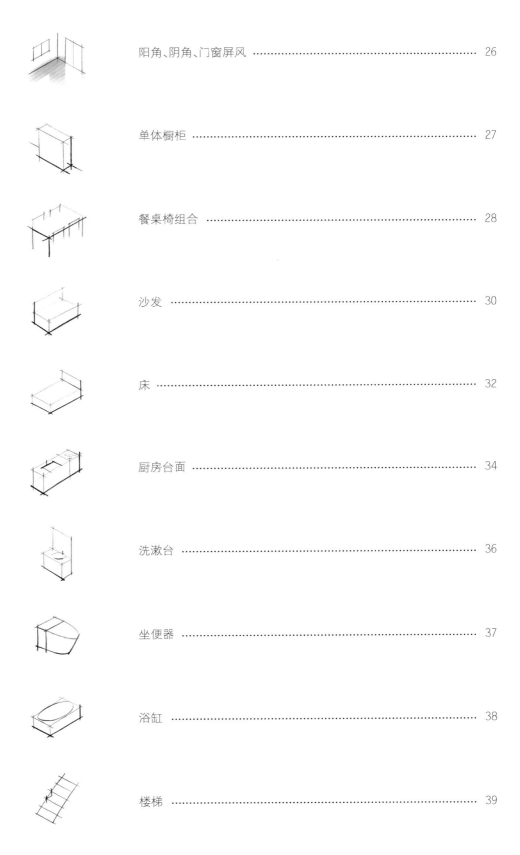

阳角、阴角、门窗屏风 ·· 26

单体橱柜 ·· 27

餐桌椅组合 ·· 28

沙发 ··· 30

床 ··· 32

厨房台面 ·· 34

洗漱台 ··· 36

坐便器 ··· 37

浴缸 ··· 38

楼梯 ··· 39

■1分钟快速表现　室内空间的描绘

玄关 ·· 40

客厅 ·· 41

厨房和餐厅 ·· 42

卧室 ·· 44

浴室 ·· 45

盥洗室 ·· 46

洗手间 ·· 47

■3—5分钟快速表现　利用一点透视参考图

客厅空间 ·· 48

餐厨空间 ·· 50

■ 3—5分快速表现　利用轴测参考图

沙发 ··· 52

■ 3—5分钟快速表现　利用两点透视参考图

餐厨空间 ··· 54

客厅餐厅一体式空间 ··· 56

第3章　线稿的要点 ·· 59

赋予线条强弱关系（节奏变化） ··· 60

赋予阴影层次感 ··· 63

线条强弱关系的运用：以著名设计师设计的椅子为例 ·································· 67

第4章　上色的要点 ··· 71

上色的基础 ··· 72

窗口光影映射表现 1 ···································· 74

窗口光影映射表现 2 ···································· 76

窗口光影映射表现 3：地板和家具上色 ············· 78

间接照明1：客厅表现 ································ 80

间接照明2：拱形吊顶卧室表现 ····················· 82

光影表现要点 ··· 84

第5章　快速表现方案设计展示
···················· 85

7分钟快速表现：卫浴空间 ··························· 86

7分钟快速表现：鸾凤和鸣的两口之家 ·············· 92

10分钟快速表现：在悠然的午后，享受下午茶时光 ········ 96

5分钟快速表现：边看电视边沉浸于休闲时刻 ············ 100

10分钟快速表现：玻璃砖隔断的玄关 ·· 104

8分钟快速表现：在竹林旁开瓶啤酒 ·· 110

10分钟快速表现：开敞的一室一厅空间 ·· 116

5分钟快速表现：带吧台的卧室 ·· 120

7分钟快速表现：长辈们惬意的生活空间 ······································ 124

5分钟快速表现：海景房 ·· 129

5分钟快速表现：有景观树的家 ·· 132

第6章　联想发散的小品 ······················· 135

人物描绘1 ·· 136

人物描绘2 ·· 138

宠物描绘 ··· 140

树木描绘 ·· 142

练习树木的上色以及四季表现 ····························· 146

表现不同空间多样的季节感受 ····························· 148

绿植盆栽描绘 ·· 150

附录 ·· 152

后记 ·· 158

作者简介 ··· 159

页脚处案例

沙发与家人 ··· p.160—38（双页）

浴室的四季 ··· p.69—159（单页）

第1章

快速表现鉴赏

本章将为读者呈现一系列意想不到的快速表现方案效果。

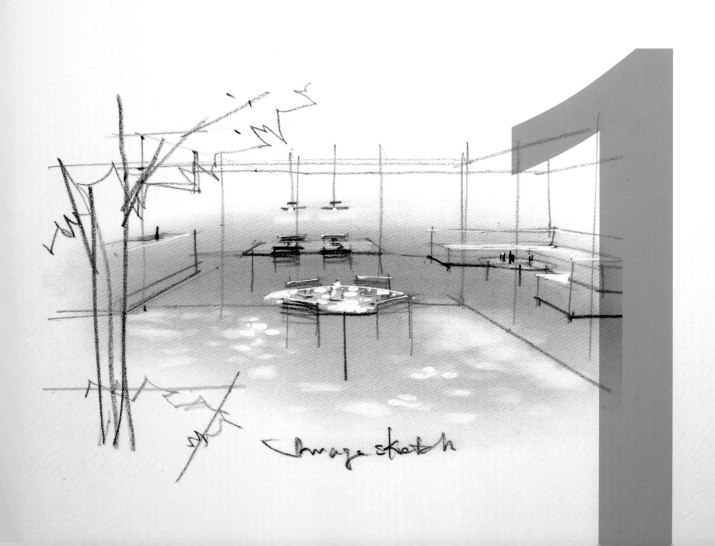

玄关和建筑外景

玄关　地板边缘压条高差的描绘是玄关表现的重点。
同时，玄关处还有门、楼梯等多样的元素，
简单整理并描绘有助于提高快速表现的速度。

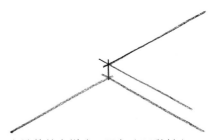

玄关的基本样式：压条（10秒钟）

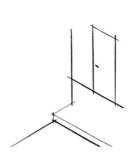

压条的应用（30秒钟）

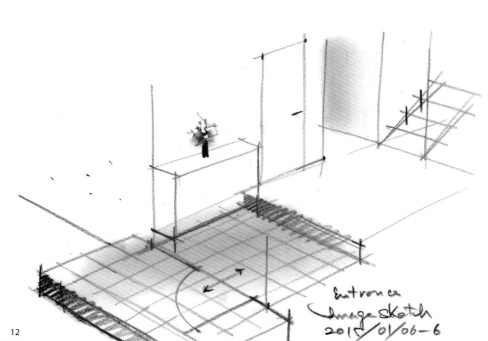

玄关表现（外墙透明处理），用蜡笔上色（参考p.72）（5分钟）

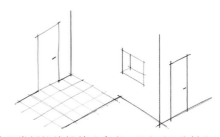

使用卷纸拉线铅笔（参考p.60）（1分钟）

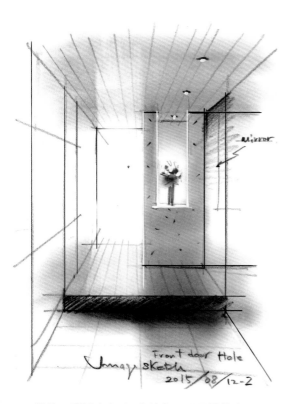

用蜡笔、彩铅上色（5分钟）；用可塑橡皮
表现亮部

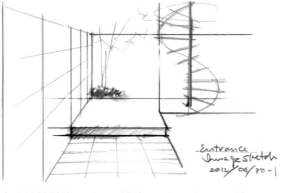

有旋转楼梯的玄关，用蜡笔、彩铅上色（4分钟）

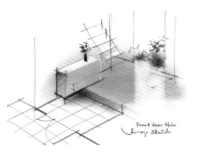

用蜡笔、彩铅上色（6分钟）；用可
塑橡皮表现亮部

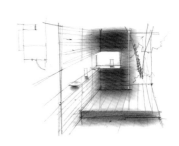

用蜡笔、彩铅上色（7分钟）

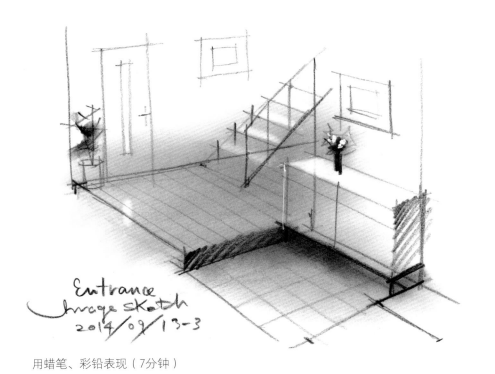

用蜡笔、彩铅上色（7分钟）；
用可塑橡皮表现亮部

用蜡笔、彩铅表现（7分钟）

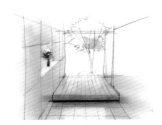

可以看见院子的玄关，用蜡笔
上色（5分钟）

建筑外景

建筑外景快速表现的重点是，在建筑、
植物的表现中加入对室内空间的描绘。

露台餐厅，用蜡笔上色（5分钟）；
亮部用可塑橡皮表现

天空和云，用蜡笔上色（5分钟）；
最亮处用修正液表现

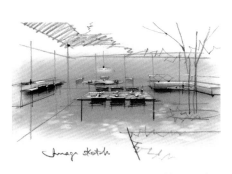

露台餐厅，用蜡笔上色（5分钟）；透
过枝叶洒下的阳光用可塑橡皮表现

室外餐厅，用蜡笔上色，点缀以简单
的绿植（5分钟）

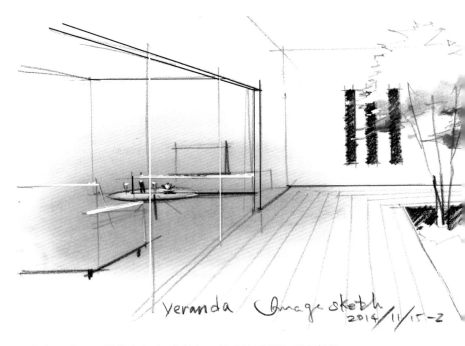

红枫露台，用蜡笔上色（5分钟）；沙发扶手用修正液表现

客厅空间

客厅空间主要表现沙发、电视柜、窗口的光线效果以及地板的映射效果等，同时逆光进行描绘可以使画面整体感觉更加舒适。将房间正面或者侧面处理得明亮些，可使观感更佳。

橱柜的基本样式（10秒钟）

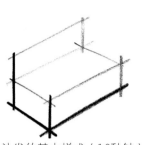

沙发的基本样式（10秒钟）

电视柜的基本样式（15秒钟）

明亮开敞的跃层客厅空间（10分钟）

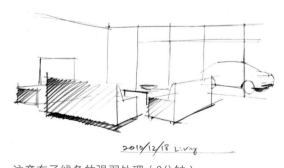

注意车子线条的强弱处理（2分钟）

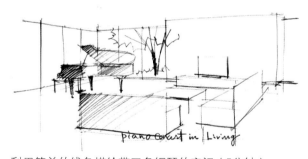

利用简单的线条描绘带三角钢琴的空间（5分钟）

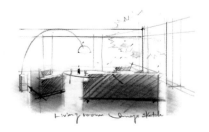

躺在沙发上赏花（5分钟）

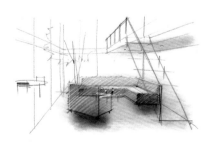

开敞通透的跃层空间（7分钟）

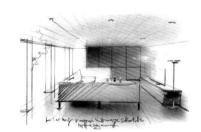

收纳橱柜，用蜡笔上色（7分钟）

对距离最近的沙发做半透明处理（5分钟）

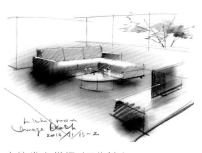

在沙发上赏枫（7分钟）

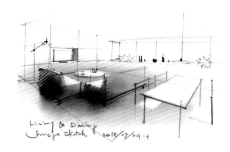

用蜡笔表现，使画面更加柔和（7分钟）

用可塑橡皮表现近处餐厅的照明
（8分钟）

樱花用蜡笔上色，为画面增添亮点
（5分钟）

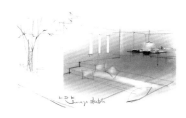

用蜡笔表现，使画面更加柔和温
暖（5分钟）

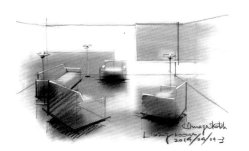

注意特殊设计的墙壁在地板上的映射
（7分钟）

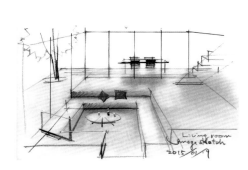

开敞通透的客厅空间。简化窗框的厚度
（10分钟）

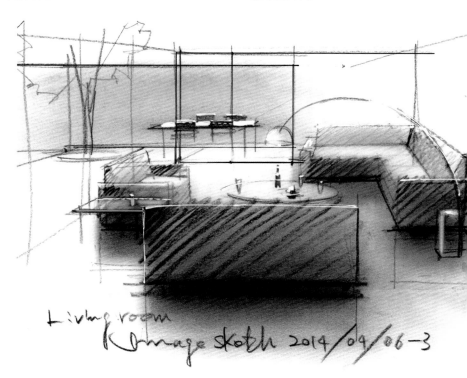

屋外桌子表面用修正液表现（10分钟）

厨房和餐厅空间

接下来主要展示厨房和餐厅空间。

在注意各家具间距离大小的同时进行快速表现。

需要对厨房本身做一些简略化的处理。

重要的是将想要表达的大致空间简洁明了地传达给业主。

厨房的基本样式（10秒钟）

桌椅组合的基本样式（20秒钟）

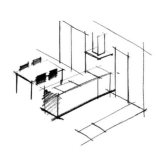

厨房和餐厅空间快速表现草图
（1分钟）

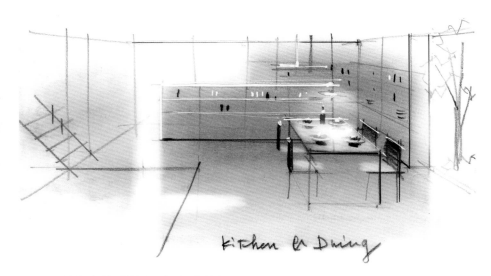

正面橱柜的后面是厨房（7分钟）

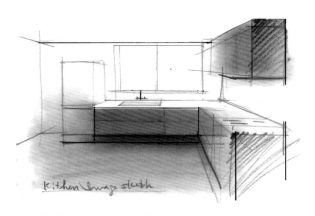

用蜡笔给厨房上色（4分钟）

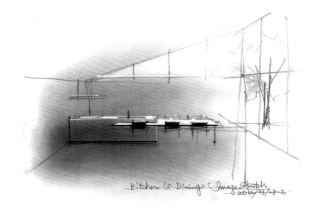

桌子用修正液表现（5分钟）

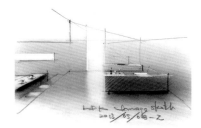

采用下沉式空间，餐厅在较低的
位置（5分钟）

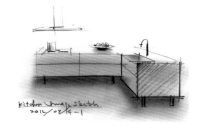

用蜡笔上色（4分钟）

用可塑橡皮表现高光处（5分钟）

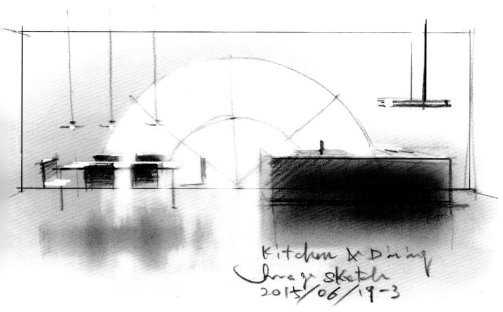

开敞的跃层空间（5分钟）

带有怀旧风格窗户的一室一厅空间（10分钟）

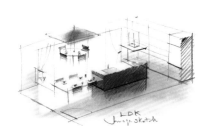

落地窗在地板的映射用可塑橡皮表现（7分钟）

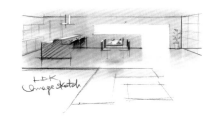

明亮的餐厅（5分钟）

通过对楼梯的描绘表现出通向2层的动线（7分钟）

重点是地板上利用可塑橡皮表现出的窗口的光影映射（7分钟）

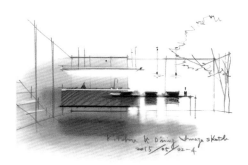

特意使用较低的视角（7分钟）

店铺氛围的餐厨空间（7分钟）

故意将右半部分空间处理得较为昏暗，从而强调餐厅部分的明亮（7分钟）

一室一厅空间

为了展示业主的居住方式，可以用一室一厅空间作为舞台。快速表现有助于设计师明确业主的空间价值观。

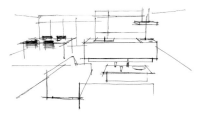

用简练的线条勾画出草图（3分钟）

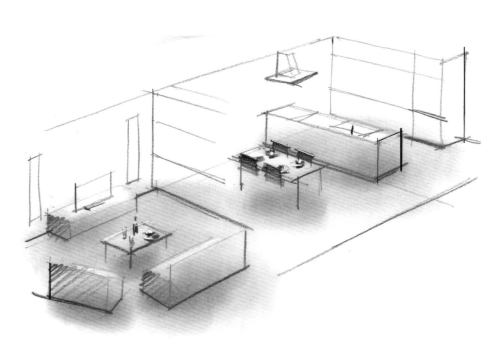

借助平行投影进行简洁描绘（5分钟）

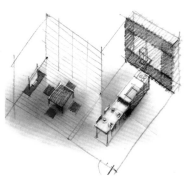

重点部分用彩铅上色（5分钟）

日式餐厨空间（7分钟）

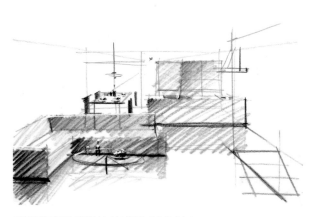

用彩铅表现出手绘的感觉（5分钟）

可以在客厅地板上尽情玩乐（6分钟）

用彩铅表现沙发的红色（7分钟）

餐厨一体带吧台（10分钟）

使用间壁电视墙的一室一厅空间
（10分钟）

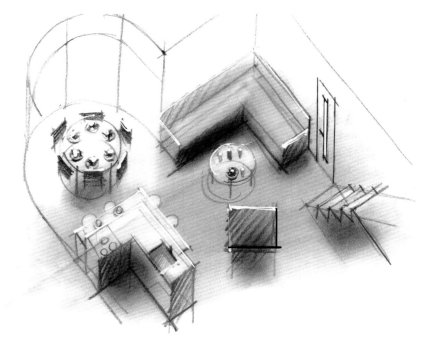

家中的圆形休息厅（6分钟）

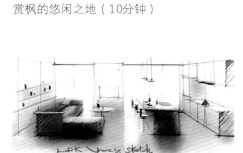

赏枫的悠闲之地（10分钟）

开敞的一室一厅空间（10分钟）

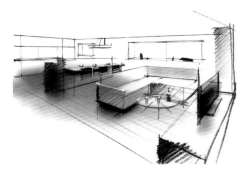

开敞的一室一厅空间（10分钟）

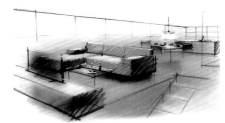

家中的横向长窗（7分钟）

开敞通透的海景房（7分钟）

在吧台享受晚餐时光（7分钟）

二层的一室一厅带有长条飘窗（10分钟）

欣赏院子里的景观树（10分钟）

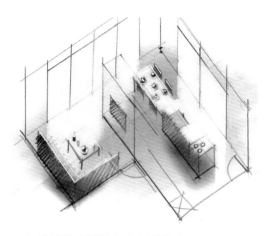

一字形单面式餐厨空间（7分钟）

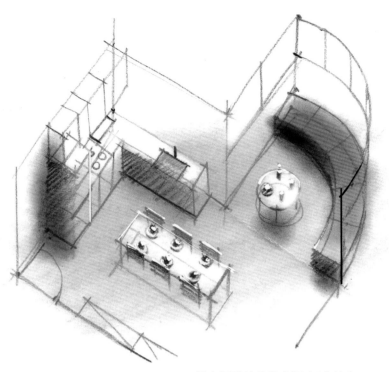

设有圆形沙发的空间（7分钟）

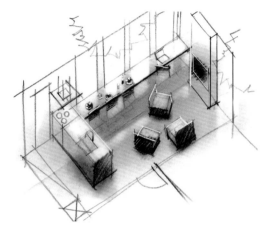

带有长吧台的空间（7分钟）

露天平台的品茶空间（5分钟）

L形厨房的一室一厅空间上色（7分钟）

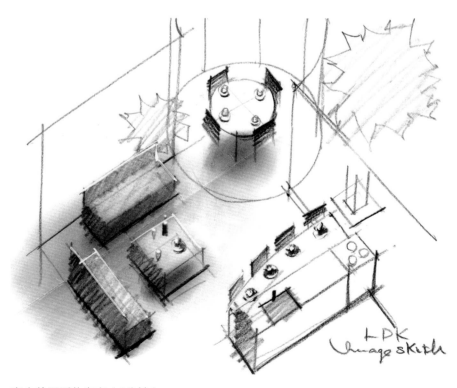

家中的圆形休息室（6分钟）

在吧台享用美食。小型空间设计方案
（5分钟）

卫浴空间（包含浴室、盥洗室、洗手间）

浴室、盥洗室、洗手间等空间比较小，通常会把两个或两个以上空间组合在一起表现。在这种情况下，将墙壁透明化处理能加深业主理解方案。

坐便器的基本样式（10秒钟）

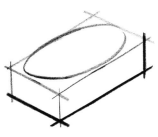

浴缸的基本样式（10秒钟）

洗漱台的基本样式（10秒钟）

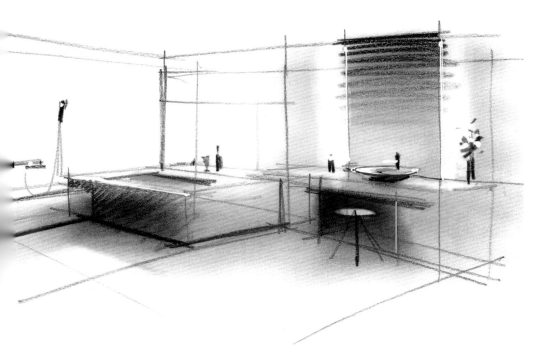

洗漱台镜子的间接照明用可塑橡皮表现（3分钟）

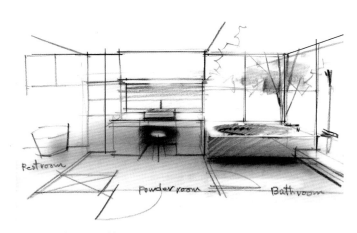

在浴室赏枫（5分钟）

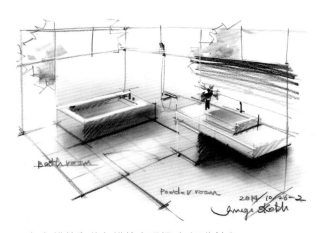

用红色蜡笔和黄色蜡笔表现枫叶（7分钟）

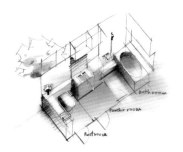

在卫生间引入自然风光（7分钟）

小啜一口红酒（3分钟）

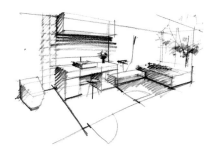

用彩铅上色（5分钟）

卧室空间

就像床的躺卧感受和舒适度会直接传递给业主一样，
在表现卧室空间时需要赋予线条轻重变化，以表现物体的刚与柔。
在加入沙发、浴室、阳台后，卧室空间就有了酒店套房的氛围。

床的基本样式（10秒钟）

照明用可塑橡皮表现（7分钟）

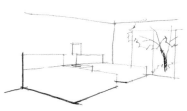

省略多余的线条进行描绘（1分钟）

注意线条的轻重变化（2分钟）

卧室和浴室的表现（10分钟）

兼有书房的卧室空间（7分钟）

床用彩铅进行表现（6分钟）

随时眺望枫叶的旅游氛围（10分钟）

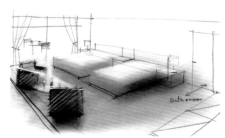

用可塑橡皮表现床柔软的触感（7分钟）

快速表现的基础

本章主要介绍室内快速表现的基本技法。
以如何省略线条进行描绘为主题，使用10秒钟对门、
窗等构件以及沙发、桌子等家具进行快速表现。
同时，介绍如何在1分钟、3—5分钟内完成用上述基本元素组合形成的室内空间的表现技巧。

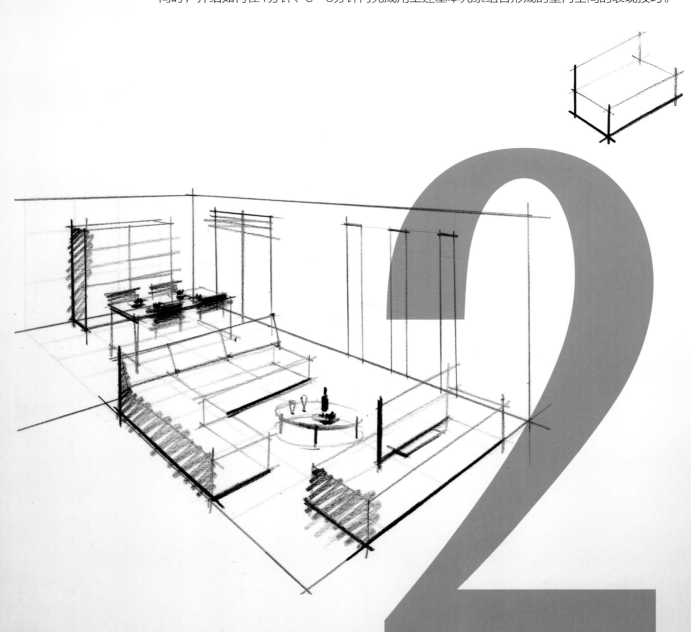

10秒钟快速表现

省略部分线条，在10秒钟左右完成对家具、屏风间壁墙、门窗构件等元素的快速表现。

如何使用更少的线条进行快速表现比单纯加快表现速度更为重要。

在面对面交流中进行快速表现对确定方案大有裨益。

同时，快速表现几乎都是用垂直线和30°左右的斜向线条进行描绘，所以线条一定要干脆利落，并在线条相交处顺势将线条画出头。

复印p.152的附录并垫在纸下，便于进行斜线描画和角度控制

快速表现基础 除此之外，还有多样的门窗构件、家具、屏风间壁墙等可用来表现。下面介绍在10秒钟时间简化处理表现这些物件的思考方式和技巧，并加以运用。

① 阴角（p.26）

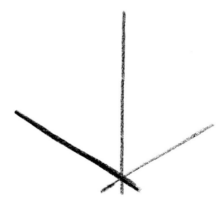

② 阳角（p.26）

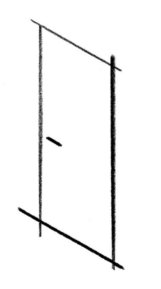

③ 室内门（p.26）

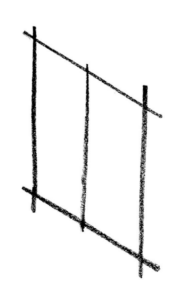

④ 落地窗（p.26）

第2章
快速表现的基础

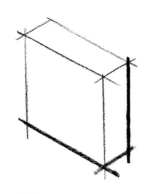

⑤ 单体橱柜（p.27）

⑥ 餐桌椅组合（p.28）

⑦ 沙发（p.30）

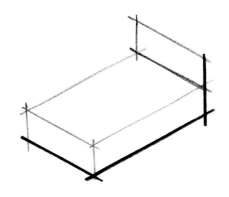

⑧ 床（p.32）

⑨ 厨房台面（p.34）

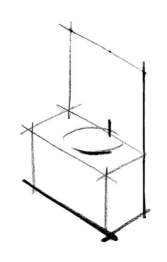

⑩ 洗漱台（p.36）

⑪ 坐便器（p.37）

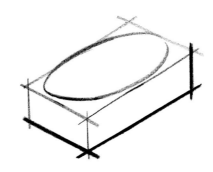

⑫ 浴缸（p.38）

阳角、阴角、门窗屏风　居住空间的基本组成要素。

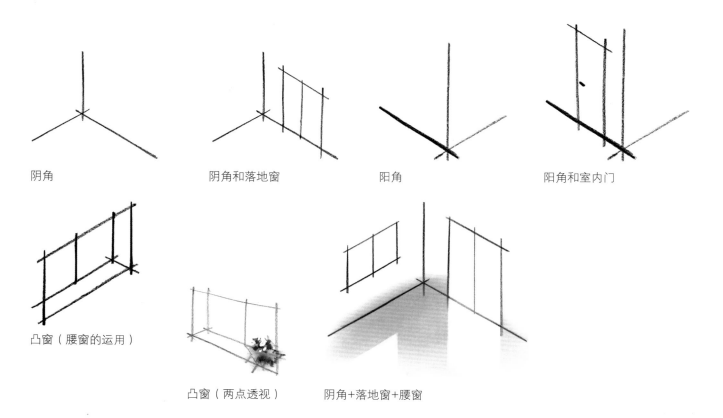

阴角

阴角和落地窗

阳角

阳角和室内门

凸窗（腰窗的运用）

凸窗（两点透视）

阴角+落地窗+腰窗

■ 室内门的画法

① 画出垂直线和右
上方向的斜线

② 画出右侧的垂直线

③ 画出右下方向的斜线

④ 画出门把手，完成

■ 落地窗的画法

① 画出垂直线和右
上方向的斜线

② 画出右侧的垂直线

③ 画出右下方向的斜线

④ 中央拉出垂直线，
完成

■ 腰窗的画法

① 画出垂直线和右
上方向的斜线

② 画出右侧的垂直线

③ 画出右下方向的斜线

④ 中央拉出垂直线，
完成

单体橱柜 最基本的家具。改变长、宽和进深，单体橱柜的样式和收纳功能都会发生变化。

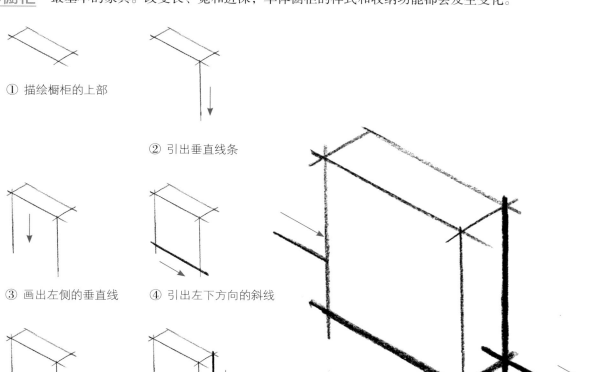

① 描绘橱柜的上部

② 引出垂直线条

③ 画出左侧的垂直线

④ 引出左下方向的斜线

⑤ 画出右下方向的斜线

⑥ 引出垂直线，完成

⑦ 增加两条线，便会形成被放在墙边的橱柜的形象

橱柜的基本样式

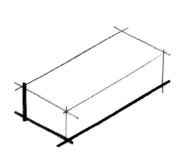

橱柜（电视柜等）

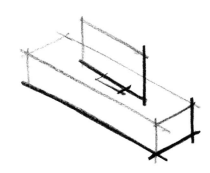

电视柜的基本样式

橱柜的简单上色（2分钟）

装饰柜的简单上色（3分钟）

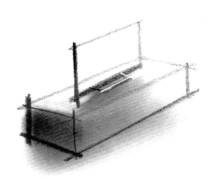

电视柜的简单上色（2分钟）

餐桌椅组合 椅子的简化是餐桌椅组合快速表现的重点。省略桌面和椅子腿，只表现椅背。

椅子用彩铅着色（4分钟）

① 画出桌子的桌面

② 画出桌腿（3条即可）

③ 画出椅子。椅背各线条与桌面以及桌腿平行

④ 注意画面平衡，画出第二把椅子

⑤ 画出近处的两把椅子，同时省略椅面

⑥ 完成餐桌椅组合

用蜡笔上色（5分钟）

圆桌

圆桌和椅子

  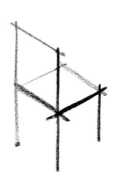 

改变椅子的朝向进行练习

使用蜡笔上色的椅子参考案例

方形桌子（30秒钟）　　　　画出食物，营造用餐的氛围（1分钟）　　　食物和餐桌椅组合（1分钟）

增加照明（1分钟）　　　　和开放式厨房的组合案例（2分钟）　　　6人餐桌，用蜡笔上色（3分钟）

沙发

进行沙发的快速表现时总会下意识地执着于沙发的坐感和设计。但想要在10秒钟左右完成，就需要我们省略多余的线条，从而将其简练地表现出来，对于设计特点和形式等细节可以在之后再进行表现。

① 画出座面

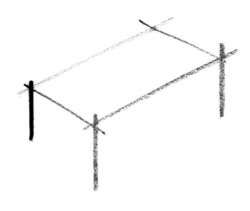

② 画出沙发的厚度

③ 画出底面的线

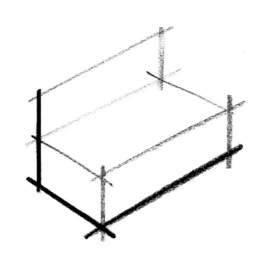

④ 画出椅背，完成

■ **沙发的多角度表现**

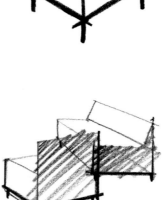

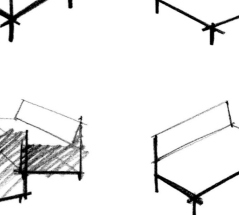

L形沙发组合（1分钟）

用蜡笔上色（3分钟）

用蜡笔+彩铅上色（4分钟）

用蜡笔+彩铅上色（5分钟）

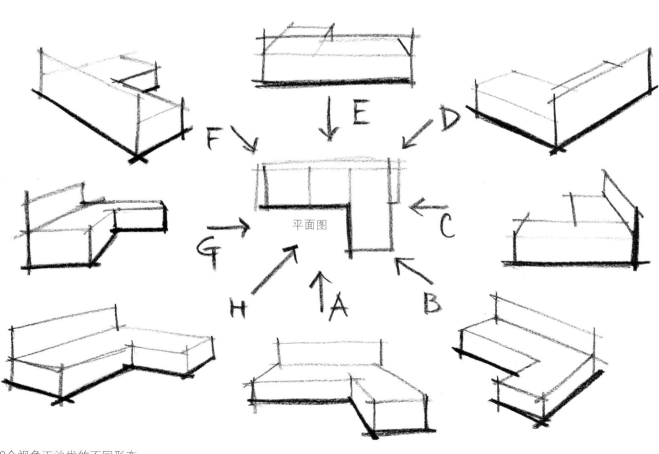

8个视角下沙发的不同形态

床 同上节表现沙发类似，对床也进行简化处理。沙发靠背在这里变成了床头板。

① 画出床垫的上表面　　② 画出垂直线

③ 注意床垫的厚度

④ 画出右下方向的斜线

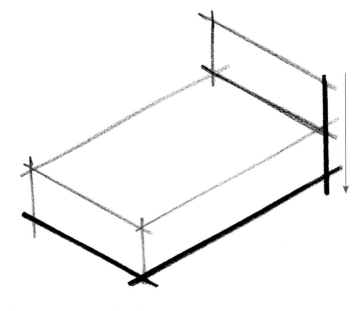

⑤ 画出床头板的垂直线

⑥ 画出床头板的斜向线条

⑦ 一口气画出垂直线，完成

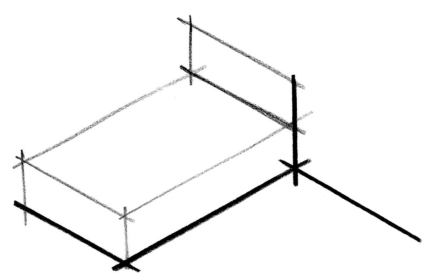

仅仅从床边引出一条斜线，即可展现出卧室形象（加1秒钟）

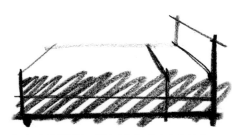

加入床的阴影，增加层次感（1分钟）

省略床垫厚度的例子

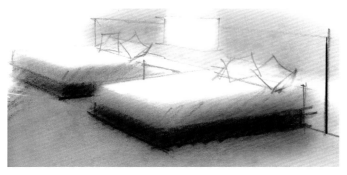

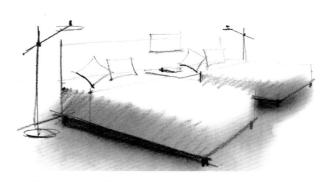

用蜡笔上色可以营造出卧室中静谧的氛围（5分钟）

床的上表面用可塑橡皮表现（5分钟）

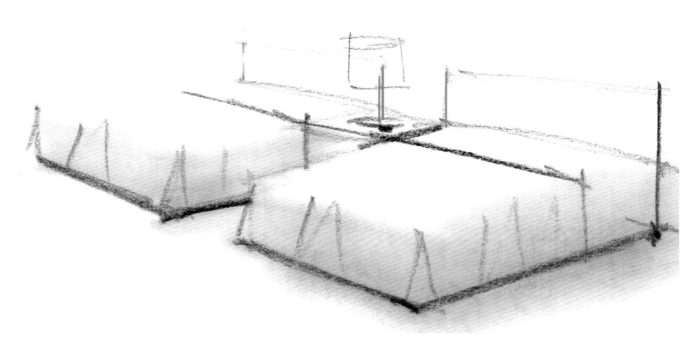

应用两点透视方法表现出的松软的床

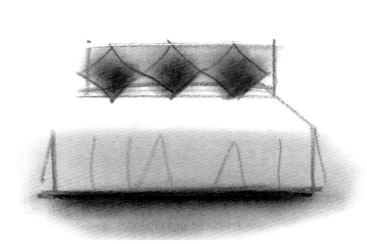

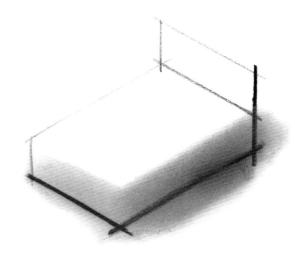

加入靠垫，以丰富表现效果（3分钟）

用蜡笔上色，表现出松软的感觉（1分钟）

厨房台面　忽略厨房吊柜、吸油烟机、操作台背板以及柜体门扇等细节，在能够让人看出"这是厨房"的基础上进行最低限度的表现。省略的部分可以在与业主交流过程中做补充说明。

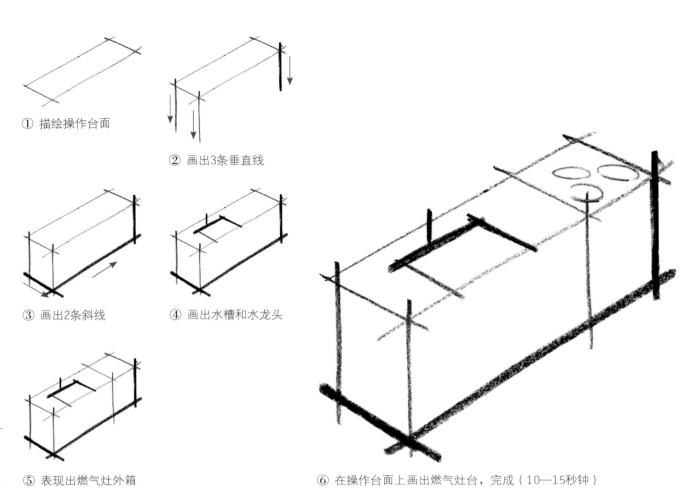

① 描绘操作台面

② 画出3条垂直线

③ 画出2条斜线

④ 画出水槽和水龙头

⑤ 表现出燃气灶外箱

⑥ 在操作台面上画出燃气灶台，完成（10—15秒钟）

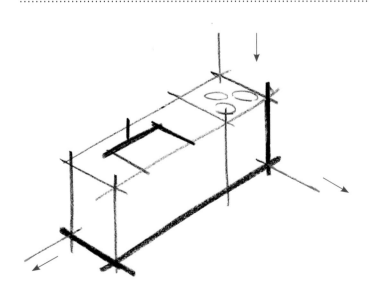

使用3条线画出地板和墙即可形成靠墙的厨房形象

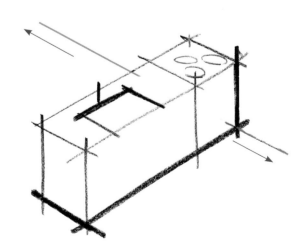

使用2条线画出地板和墙即可形成开放式厨房的形象

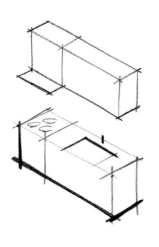

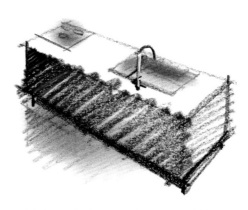

添加厨房吊柜和吸油烟机

欧式吸油烟机和开放式厨房的
简单组合（20秒钟）

用蜡笔和彩铅表现，两点透视（2分钟）

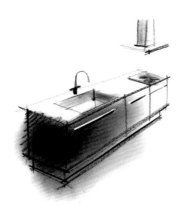

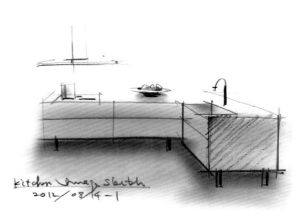

用蜡笔上色，两点透视（3分钟）

用蜡笔上色，一点透视（4分钟）

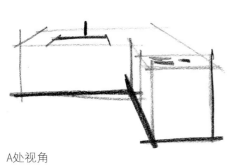

A处视角

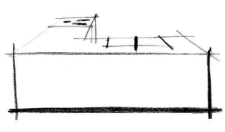

C处视角

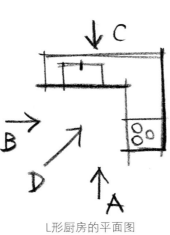

L形厨房的平面图

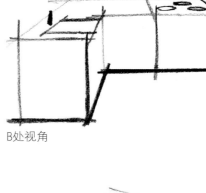

B处视角

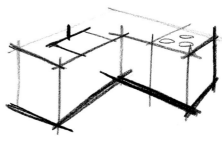

D处视角

洗漱台　　把握好柜体、水池和镜子的平衡。

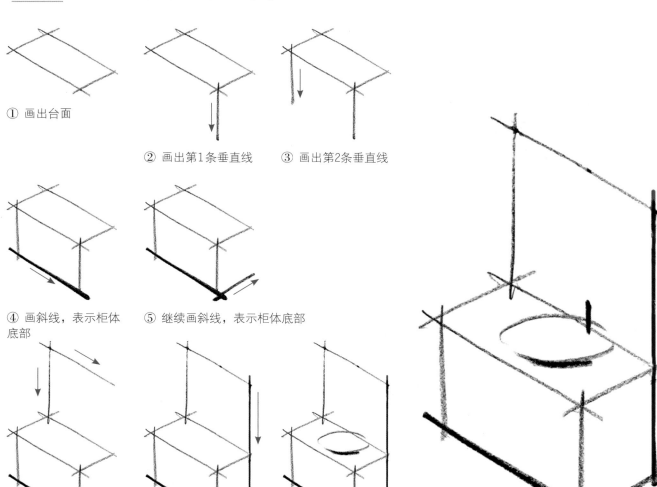

① 画出台面

② 画出第1条垂直线

③ 画出第2条垂直线

④ 画斜线，表示柜体底部

⑤ 继续画斜线，表示柜体底部

⑥ 开始描绘镜子

⑦ 完成对镜子的描绘

⑧ 描绘水池

⑨ 画出水龙头，完成

- -

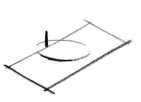

台面上的圆形水池

台面上的方形水池

使用线条的层次和韵律
表现镜子

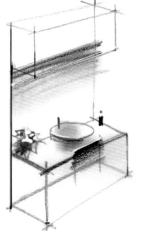

用蜡笔上色（3分钟）

用蜡笔上色（3分钟）

坐便器 要点是如何流畅地画出坐便器盖板的外围曲线、抛物线，并掌握好各部分的平衡。

① 画出上表面

② 根据上表面的大小决定坐便器的高度

③ 再画1条垂直线

④ 画出斜线

⑤ 画出抛物线，表示盖板

⑥ 拉出斜向线条

⑦ 画出底部线条，完成

最简略的坐便器的快速表现

利用线条的轻重变化进行表现

连体式坐便器简图

无水箱坐便器简图

无水箱坐便器，用蜡笔上色（2分钟）

利用线条的轻重变化进行表现，用蜡笔上色（1分钟）

利用线条的轻重变化进行表现，用蜡笔上色（1分钟）

连体式坐便器，用蜡笔上色（1分钟）

无水箱坐便器，用蜡笔上色（2分钟）

浴缸 浴缸有多种形式，这里用最简单的椭圆来表现浴缸。在描画椭圆时要突出四周边框，并且尽量画得大一些。

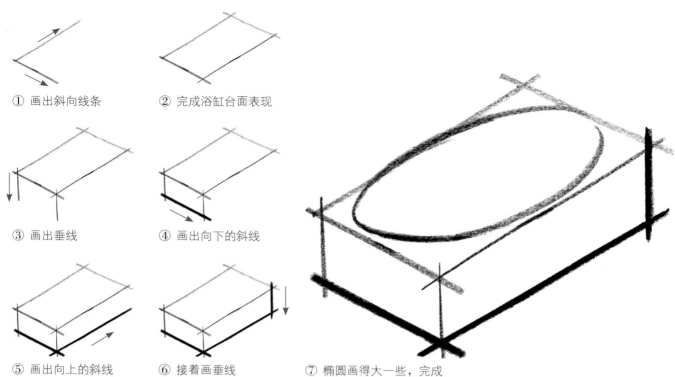

① 画出斜向线条

② 完成浴缸台面表现

③ 画出垂线

④ 画出向下的斜线

⑤ 画出向上的斜线

⑥ 接着画垂线

⑦ 椭圆画得大一些，完成

第2章
快速表现的基础

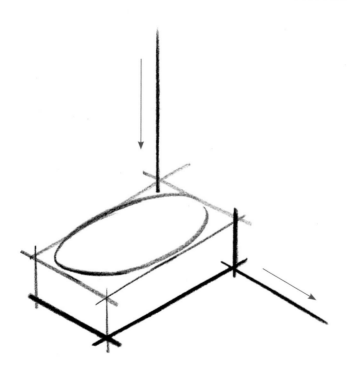

加入两条线即可形成浴室效果

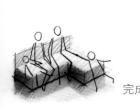

完成！

浴室效果（1分钟）

浴室效果（3分钟）

楼梯　介绍完12类基本的室内物件后，接下来介绍一下楼梯的快速表现。楼梯快速表现的要点是对楼梯踏面和踢面的简化。

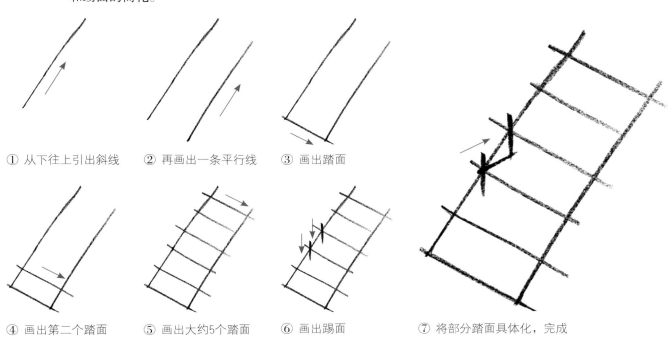

① 从下往上引出斜线　② 再画出一条平行线　③ 画出踏面

④ 画出第二个踏面　⑤ 画出大约5个踏面　⑥ 画出踢面　⑦ 将部分踏面具体化，完成

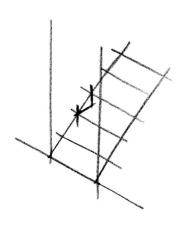

墙壁和楼梯A

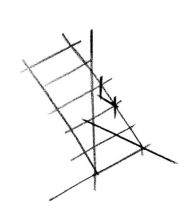

墙壁和楼梯B

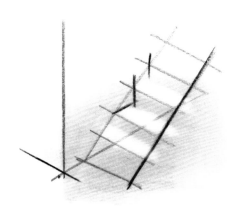

用蜡笔上色（2分钟）

楼梯平台A

楼梯平台B

楼梯平台C

① 1分钟快速表现室内空间的描绘

将上节中介绍的室内物件进行组合，尝试在1分钟左右完成室内空间的快速表现。这时一般处于设计师与业主的沟通方案初期，因此不用事无巨细地对室内所有物件进行描绘，表现出重点部分即可。

玄关　要点是玄关台阶的表现。

① 画出玄关柜

② 画出台阶

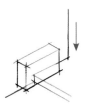

③ 画出垂直线，左侧墙壁成型

④ 走廊用1根斜线表示

⑤ 画出室内门

⑥ 为玄关柜加上阴影（层次），完成（1分钟）

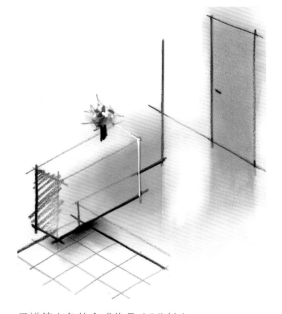

用蜡笔上色的完成作品（5分钟）

① 画出长方体

② 画出台阶

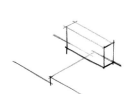

③ 表现高差

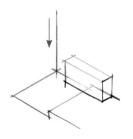

④ 加入1根线表现左侧墙壁

⑤ 加入室内门

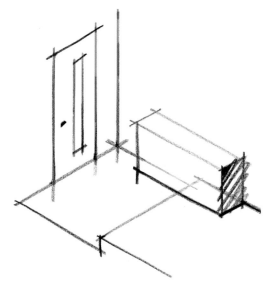

⑥ 玄关柜上加入阴影，完成（1分钟）

客厅 在进行快速表现的同时应注意沙发、电视柜和茶几的平衡。

① 画出柜体

② 画出阴角和电视

③ 表现落地窗

④ 画出沙发

⑤ 画出茶几

⑥ 加入窗帘，完成

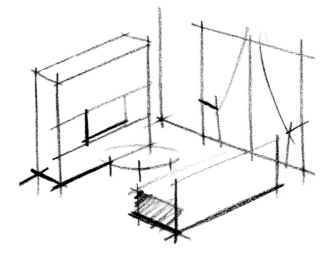

⑦ 在完成的线稿中加入阴影（1分钟）

① 画出电视柜

② 画出墙壁的线条

③ 画出三人沙发

④ 画出单人沙发

⑤ 画出中央茶几，完成

⑥ 在完成的线稿中加入阴影
（1分钟）

用蜡笔+彩铅上色（4分钟）

厨房和餐厅

在快速表现中描绘厨房和餐厅，可以让业主沉浸在做饭、用餐这一连续的生活场景中。

① 画出操作台

② 画出吸油烟机

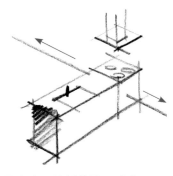

③ 画出两条表示地板的线，形成开放式厨房的形象

④ 画出桌子

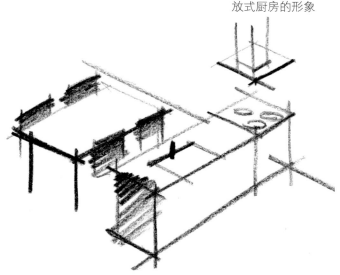

⑤ 画出椅子，完成（约1分钟）

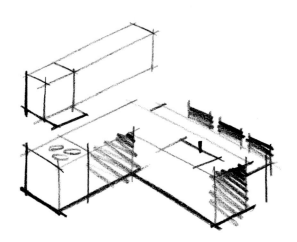

带有L形操作台的厨房（1分钟）

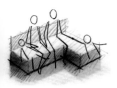

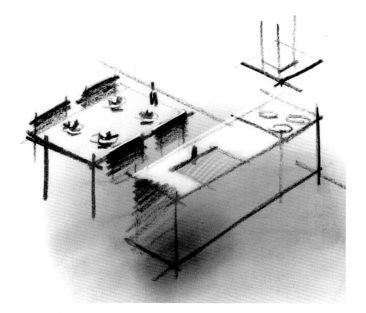

画出餐食，用蜡笔+彩铅上色（3分钟）

① 画出操作台

② 添加2条线，变成靠墙的厨房

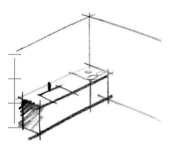

③ 层高约为操作台高度的3倍

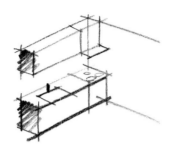

④ 加入吊柜

⑤ 加入餐桌椅组合

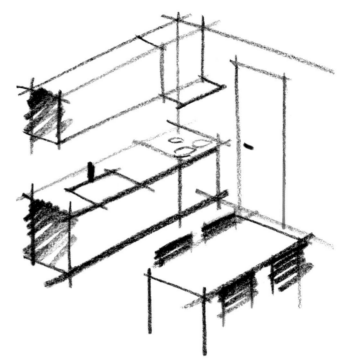

⑥ 加入门，完成（2分钟）

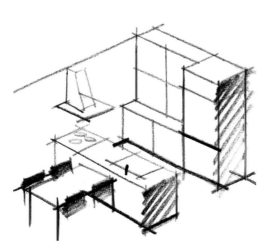

从餐厅一侧观察的效果

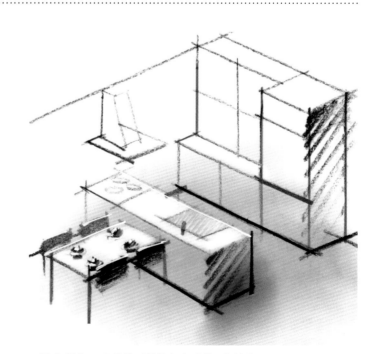

画出餐食，用蜡笔+彩铅上色（约3分钟）

卧室 表现卧室空间时要注意床和其周边家具的平衡关系，因此需要我们在生活中留意卧室中常见家具的大致尺寸。

① 画出床

② 画出床头柜

③ 画出台灯

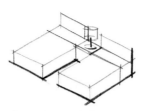

④ 画出另一张床

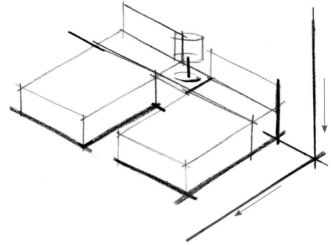

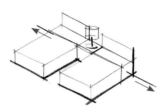

⑤ 画出地板线，形成卧室空间

⑥ 画出近处的地板与墙壁线条，完成（1分钟）

第2章 快速表现的基础

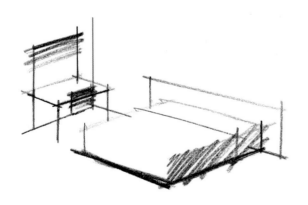

双人床和梳妆台（约1分钟）

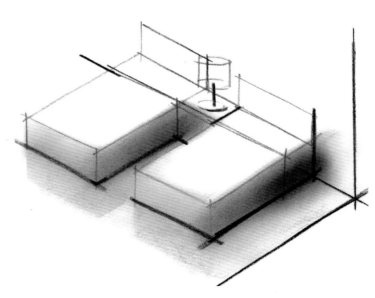

用蜡笔上色（2分钟）

浴室 除了浴缸，在浴室的快速表现中混水阀、淋浴花洒等也需要简化处理。
同时尝试在窗边加入对绿植的表现。

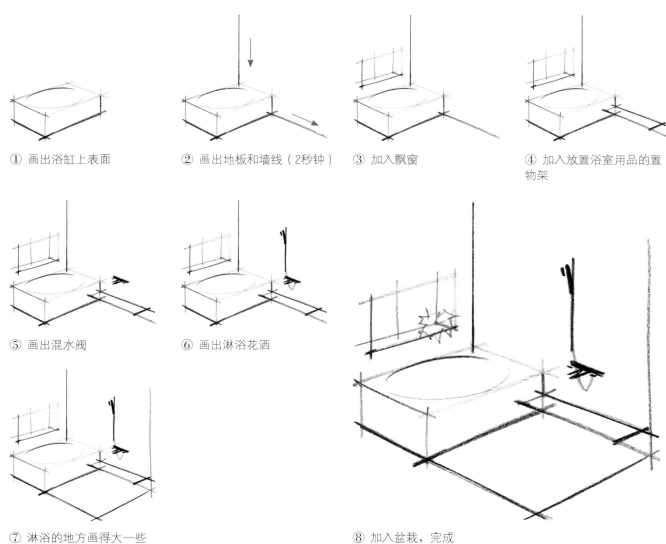

① 画出浴缸上表面

② 画出地板和墙线（2秒钟）

③ 加入飘窗

④ 加入放置浴室用品的置物架

⑤ 画出混水阀

⑥ 画出淋浴花洒

⑦ 淋浴的地方画得大一些

⑧ 加入盆栽，完成

淋浴花洒的简化形体

混水阀的简化形体

和盥洗室的组合表现

盥洗室 练习组合表现洗漱台和洗衣机。

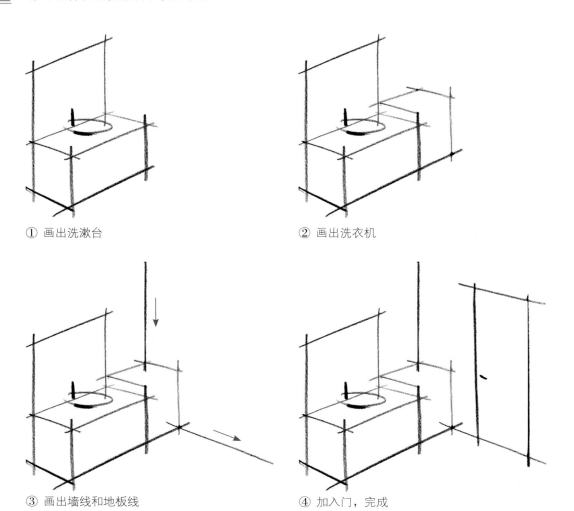

① 画出洗漱台

② 画出洗衣机

③ 画出墙线和地板线

④ 加入门，完成

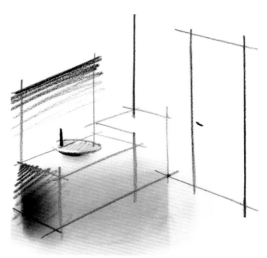

用蜡笔和彩铅上色（2分钟）

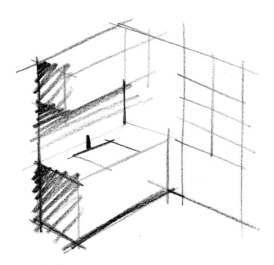

壁橱收纳表现（1分钟）

洗手间 练习组合表现坐便器和洗手盆。

① 画出坐便器（无水箱）

② 画出地板线

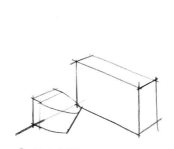

③ 画出柜子

④ 画出墙线和洗手盆

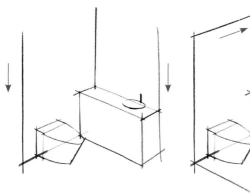

⑤ 再画出2条墙线

⑥ 画出2条吊顶线条

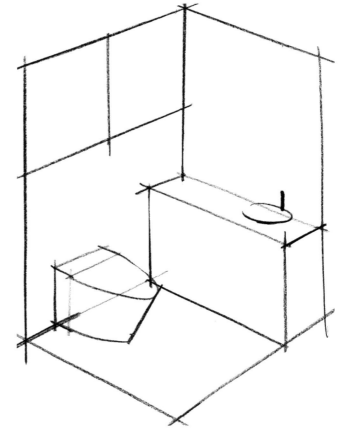

⑦ 画出窗户

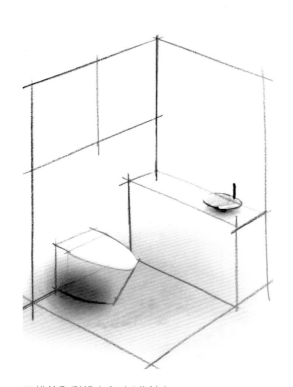

用蜡笔和彩铅上色（2分钟）

3—5分钟快速表现
利用一点透视参考图

将本书附录p.155的一点透视参考图垫在纸下进行描绘，可以帮助我们把握透视平衡。

客厅空间　客厅是由沙发、电视柜、茶几简单构成的约13㎡大小的空间。在此基础上尝试加入窗帘、观赏植物等进行点缀。主要使用卷纸拉线铅笔（参考绘画工具：三菱 Dermatograph No.7600）。

参考平面图

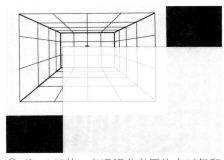

① 将p.155的一点透视参考图垫在A4复印纸下

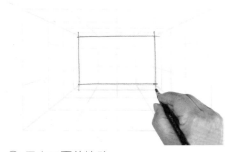

② 画出正面的墙壁

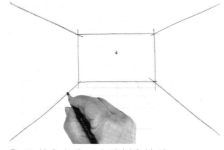

③ 沿着参考线画出地板和墙壁

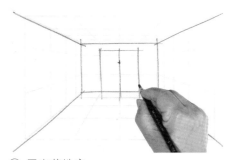

④ 画出落地窗

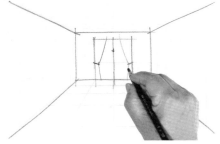

⑤ 画出窗帘

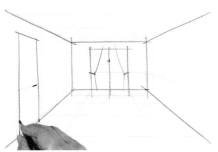

⑥ 画出门

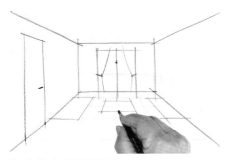

⑦ 安排家具陈设的位置

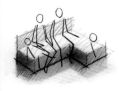

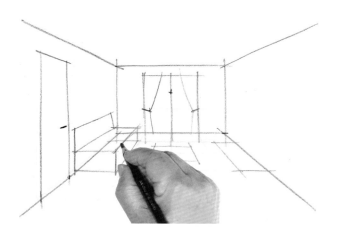

⑧ 画出沙发

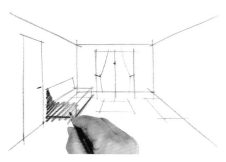

⑨ 描绘沙发时注意线条的轻重变化，阴影处要表现出韵律与层次感

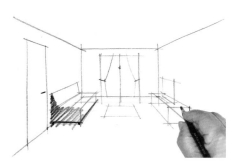

⑩ 画出电视柜

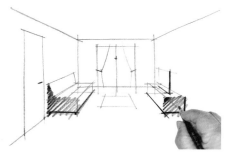

⑪ 描绘电视柜时也要注意线条的轻重变化，阴影处也要表现出韵律层次感

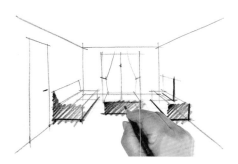

⑫ 画出茶几

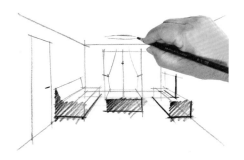

⑬ 画出吊顶的灯具

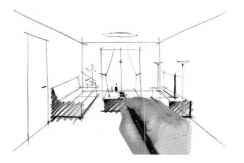

⑭ 画出落地灯、观赏植物、餐食等，完成

③ 表现时间约3分钟

餐厨空间 餐厨空间包含厨房、餐桌椅组合、冰箱、碗柜等约16㎡大小的空间。时间充裕的话，在表现时可以加入灯具、厨具、餐食等小物件进行点缀。

参考平面图

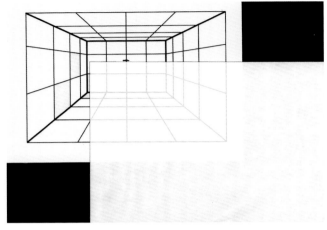

① 将p.155的一点透视参考图垫在A4复印纸下

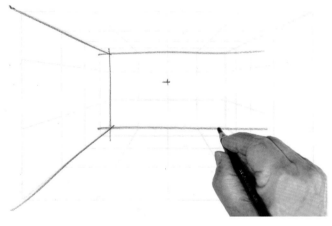

② 画出墙壁

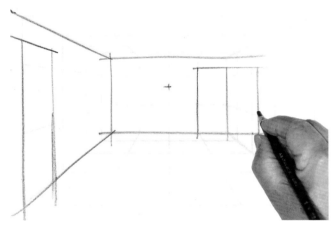

③ 画出门和落地窗

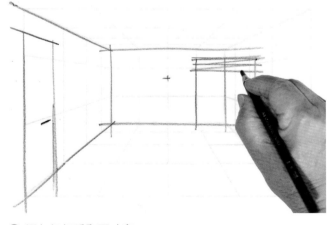

④ 添加门把手和百叶窗

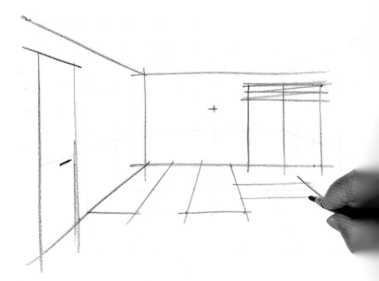

⑤ 安排家具及其他设备的位置

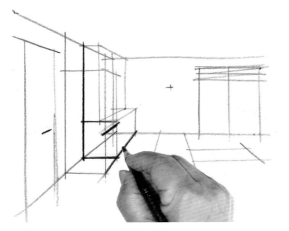

⑥ 画出碗柜

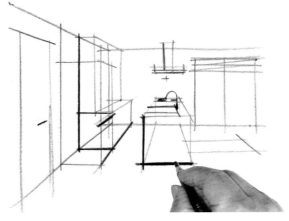

⑦ 画出开放式厨房操作台

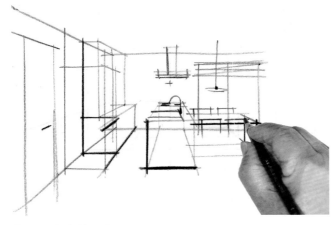

⑧ 画出餐桌椅组合

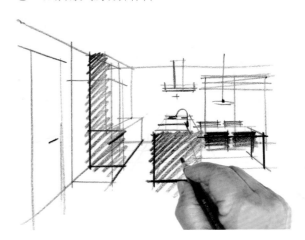

⑨ 加入阴影变化，完成

3.30 表现时间约3分30秒

3—5分钟快速表现
利用轴测参考图

沙发　本案例是老年人居住的约26㎡的一室一厅空间。时间充裕的话，在快速表现时可以加入照明灯具、厨具、家电、餐食等进行点缀。在A4复印纸下垫上本书p.154的轴测参考图后，可以更加容易地把握透视的平衡。

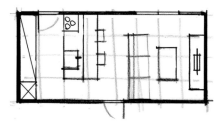

参考平面图

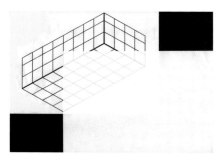

① 在A4复印纸下垫上p.154的轴测参考图

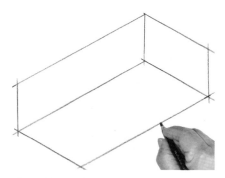

② 沿着轴侧参考图画出墙壁和地板线

第2章
快速表现的基础

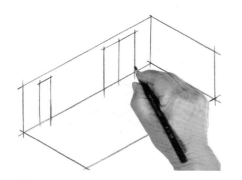

③ 画上后门和落地窗

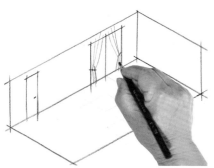

④ 画出门把手和窗帘

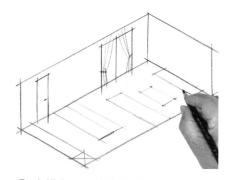

⑤ 安排家具及其他设备的位置

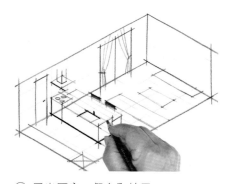

⑥ 画出厨房、餐台和椅子

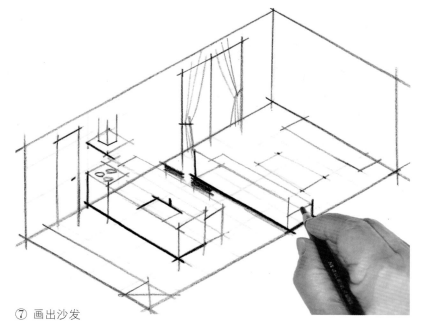

⑦ 画出沙发

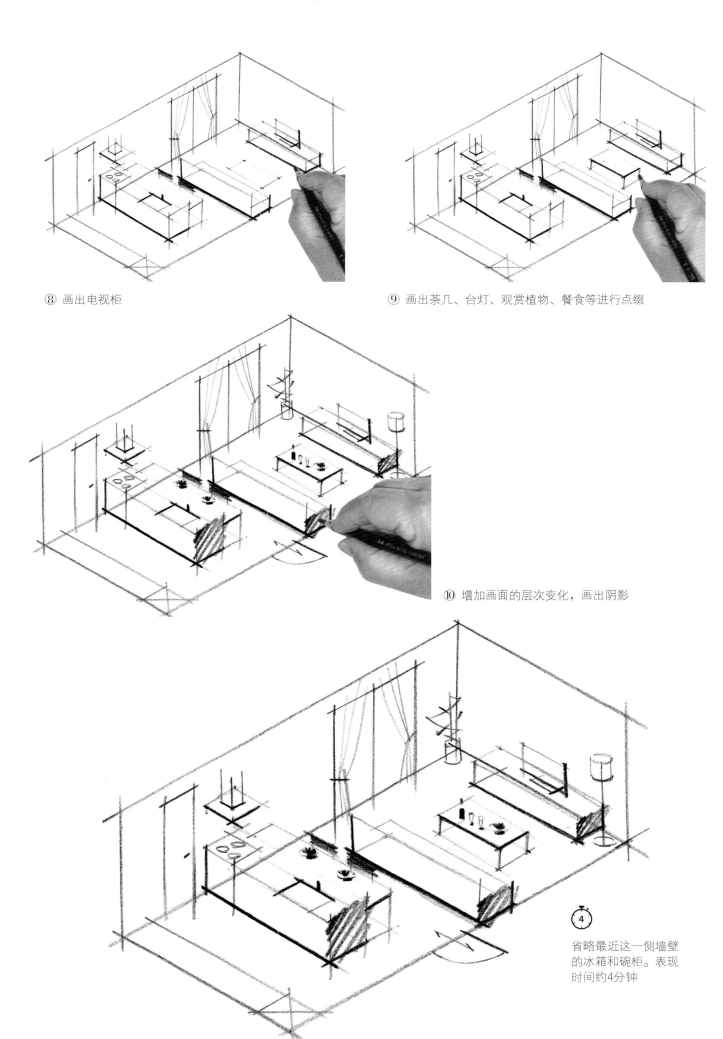

⑧ 画出电视柜

⑨ 画出茶几、台灯、观赏植物、餐食等进行点缀

⑩ 增加画面的层次变化，画出阴影

省略最近这一侧墙壁
的冰箱和碗柜。表现
时间约4分钟

餐厨空间　餐厨空间为包含厨房、餐桌椅组合、冰箱、碗柜等约16㎡的空间。时间充裕的话，快速表现时可以加入照明灯具、厨具、电器、餐食等小物件。将本书p.156的两点透视参考图（8叠，13㎡）垫在A4复印纸下进行描绘，可以帮助我们更加容易把握透视平衡。

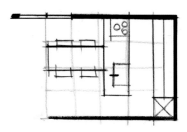

参考平面图

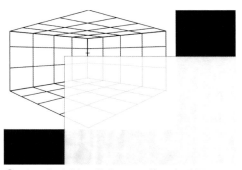

① 在A4复印纸下垫上p.156的两点透视参考图

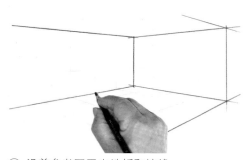

② 沿着参考图画出地板和墙线

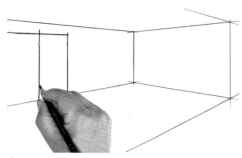

③ 加入落地窗

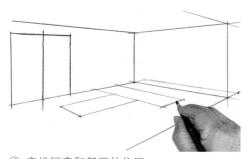

④ 安排厨房和餐厅的位置

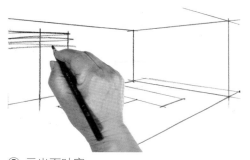

⑤ 画出百叶窗

⑥ 画出冰箱、碗柜

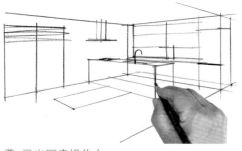

⑦ 画出厨房操作台

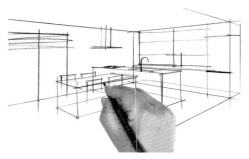

⑧ 画出餐厅餐桌椅组合

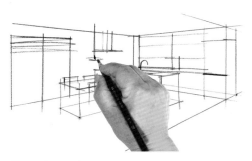

⑨ 画出照明灯具

⑩ 用阴影表现椅子背部

⑪ 加入对餐具、厨具、电器、餐食等的描绘

⑫ 为操作台和冰箱添加阴影

⑬ 用修正液覆盖多余的线条，完成

③ 表现时间约3分钟

客厅餐厅一体式空间

将本书p.157的两点透视参考图（16叠，26㎡）垫在A4复印纸下进行描绘，可以帮助我们更加容易地把握透视平衡。

参考平面图

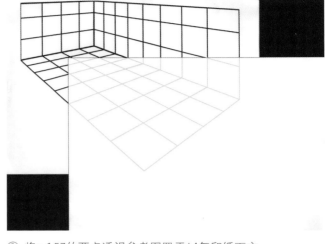

① 将p.157的两点透视参考图置于A4复印纸下方

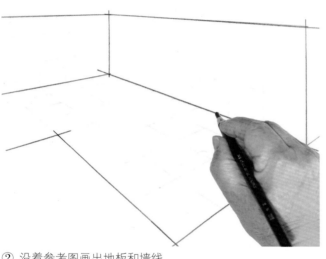

② 沿着参考图画出地板和墙线

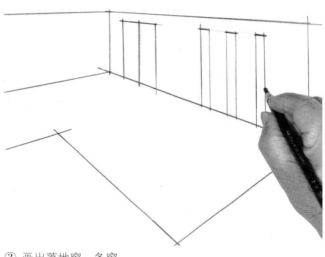

③ 画出落地窗、条窗

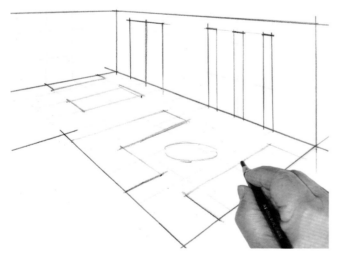

④ 安排家具的位置

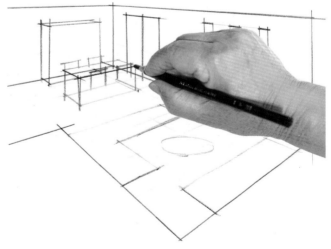

⑤ 画出碗柜轮廓和餐桌椅组合

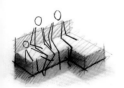

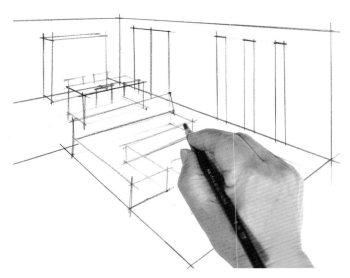

⑥ 画出沙发

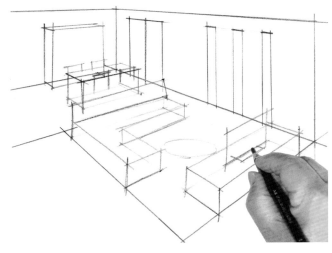

⑦ 画出电视柜、电视

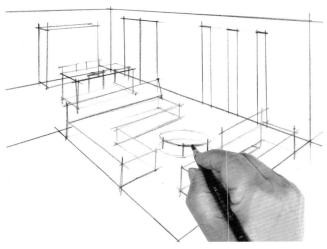

⑧ 画出茶几

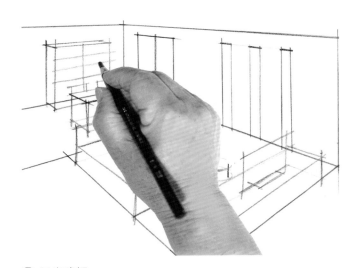

⑨ 画出碗柜

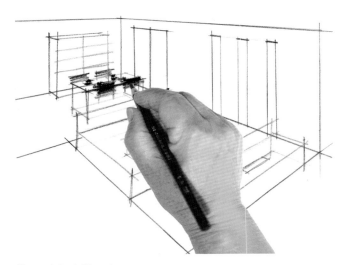

⑩ 画出餐桌椅组合

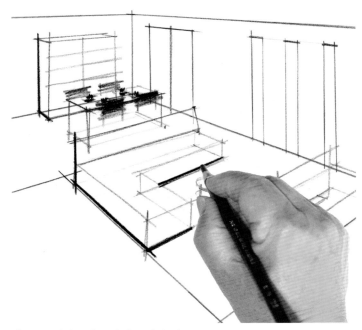

⑪ 强调沙发底部（加粗、加深）

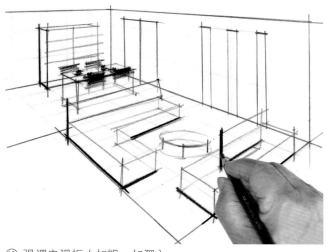

⑫ 强调电视柜（加粗、加深）

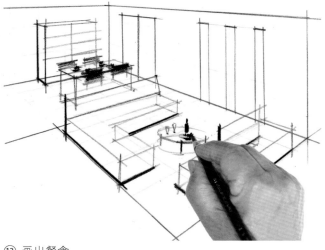

⑬ 画出餐食

⑭ 画出百叶窗

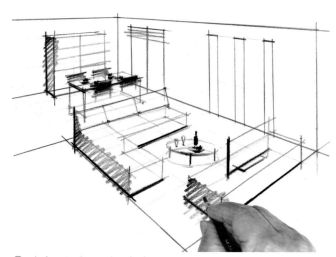

⑮ 为家具添加阴影，完成

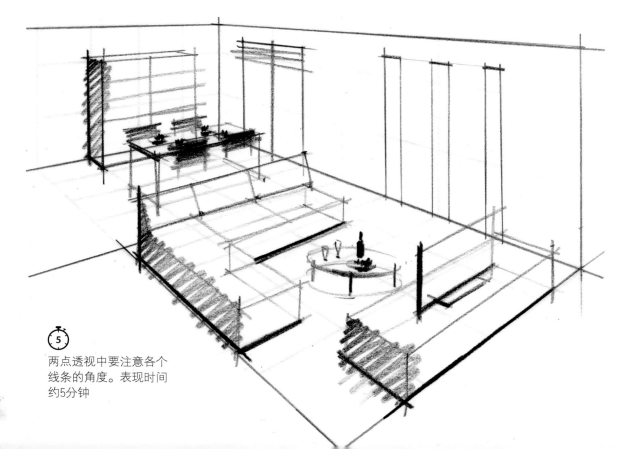

⑤

两点透视中要注意各个
线条的角度。表现时间
约5分钟

第 3 章

线稿的要点

本章主要讲解如何通过控制线条的张弛、轻重和层次变化，来丰富画面。

Living Image Sketch

赋予线条强弱关系（节奏变化）

赋予线条强弱关系变化之后，简化的快速表现也可以展现出丰富的空间效果。

因此，想通过快速表现将设计意向通俗易懂地传达给业主，就需要我们不使用细芯的绘画用具，而去使用可以画出较粗、较深线条的画笔。

卷纸拉线铅笔（三菱Dermatograph No.7600），这种铅笔不易折断，质量较好，甚至可以在纸以外的材质（玻璃、塑料）上书写、绘画

线条节奏的表现方法。只要表现出3种线条的刚柔强弱关系（弱、中、强）即可。当然，能表现出5种强弱关系的线条固然更好，但我们从右图中就可以很清楚地看出两种线条的强弱关系，这样就足以使画面具有足够的说服力。用手轻轻地支起铅笔就可以画出又浅又细的弱线条。如果握紧铅笔并大力运笔，同时减小铅笔与纸接触的角度，就可以画出又浓又深的强线条

调节运笔力度，画出从粗、浓、刚到细、淡、柔的排线，同时调整线条密度，就可以形成流畅的韵律感和节奏层次。快速扫线所形成的节奏感要好于细描慢画

反过来从细、淡、柔到粗、浓、刚进行排线，多加练习，以求画出更加流畅优美的排线。掌握这种技巧后便可以增加画面张力，丰富画面的表现类型

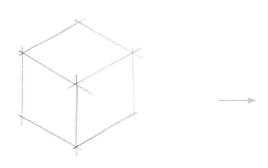 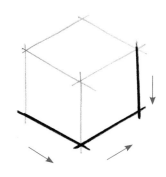

立方体的节奏变化。用较轻的力度画出形体

将立方体底部的2条底线和右侧的垂直线加粗、加深

床的节奏变化。用较轻的力度画出形体

将床底部的2条底线和右侧的垂直线加粗、加深

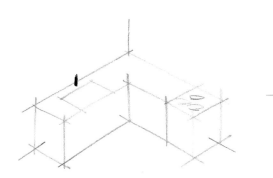 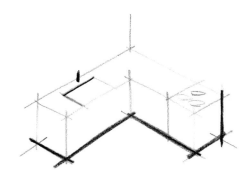

厨房操作台的节奏变化。除了水龙头，其余部分用较轻的力度画出

将操作台底部的4条底线和右侧的垂直线加粗、加深

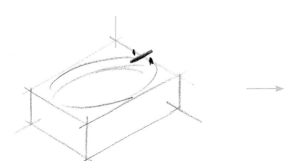 

浴缸的节奏变化。除了水龙头和混水阀等，其余部分用较轻的力度画出

将浴缸底部的2条底线和右侧的垂直线加粗、加深

在室内空间快速表现中练习线的强弱控制,
受窗口光亮影响的物件用线条的强弱关系突出表现。

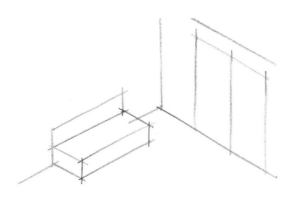

先用较轻的力度画出室内空间底稿

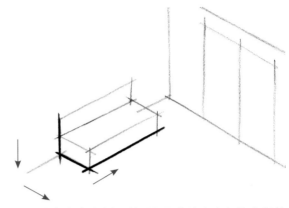

因为窗户在右侧,所以需要将沙发底部和左侧的
垂直线加重,以体现沙发的层次变化

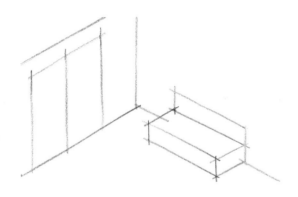

先用较轻的力度画出室内空间底稿

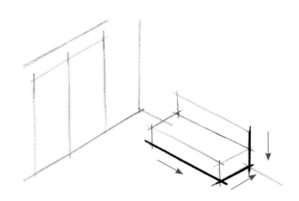

因为窗户在左侧,所以需要将沙发底部和右侧的
垂直线加重,以体现沙发的层次变化

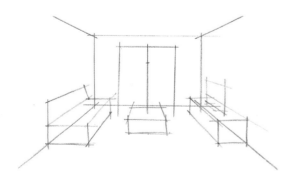

当窗户在房间的中部时,先用较轻的力度画出室
内空间底稿

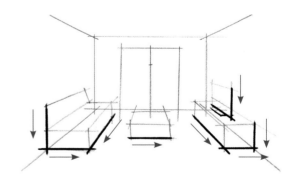

加重沙发左侧垂直线和电视柜右侧垂直线,同时
需要对茶几底部线条、沙发底部线条和电视柜底
部线条进行加重

赋予阴影层次感

添加阴影变化后可以加强物体的立体感。

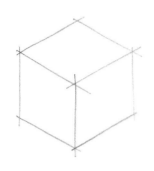

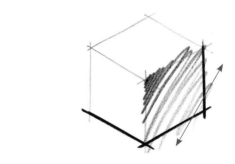

用较轻的力度画出底稿

阴影线条的角度大约是45°，同时需要顺势画出四边棱线

■ 床

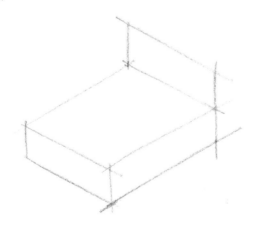

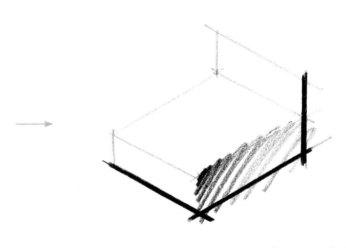

用较轻的力度画出底稿

阴影线条的角度大约是45°，同时需要顺势画出四边棱线

■ 浴缸

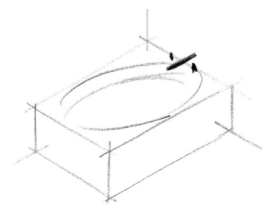

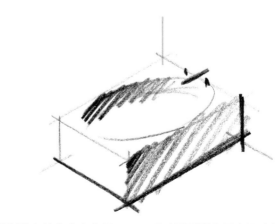

除水龙头之外，其余用较轻的力度画出

阴影线条的角度大约是45°，同时需要顺势画出四边棱线

■ 厨房

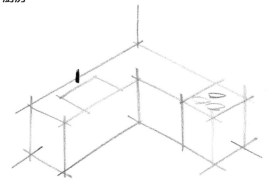 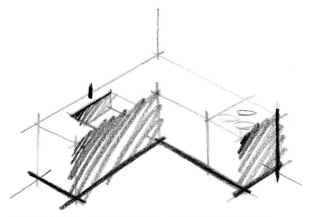

除水龙头之外，其余用较轻的力度画出

阴影线条的角度大约是45°，同时需要顺势画出四边棱线

■ 洗漱台（一点透视）

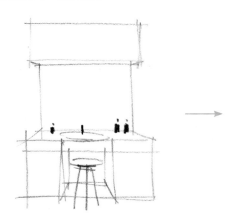 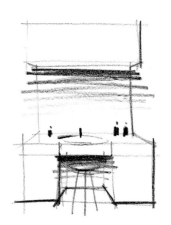

除水龙头和化妆品之外，其余用较轻的力度画出

水平画出镜子上方和洗漱台下方的阴影层次变化

■ 碗柜（一点透视）

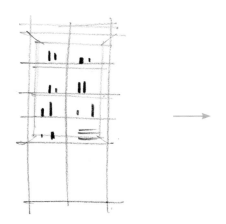 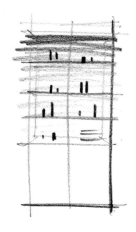

除餐具之外，其余用较轻的力度画出

水平画出阴影，同时保证餐具的可视度。画完阴影线条后需要顺势画出四边棱线

■ **餐桌椅组合**

① 用较轻的力度画出桌子

② 画出4把椅子

③ 加重桌子面板的横截面

④ 加粗、加重桌腿

⑤ 添加阴影表现。近处的椅子阴影重，靠里的椅子阴影变淡

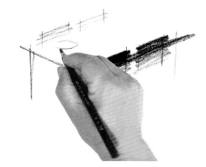

⑥ 画出餐盘

⑦ 画出餐食

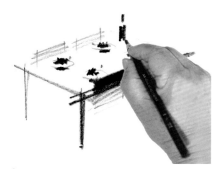

⑧ 画出酒瓶，完成

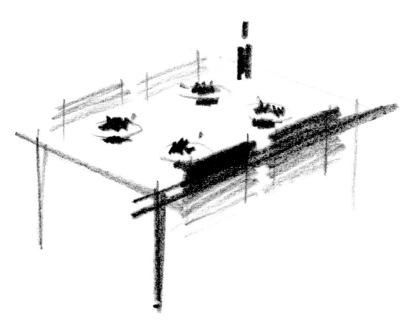

快速表现中加入对餐食的描绘能使人脑海中浮现出用餐的场景（1分钟）

■ **客厅空间**

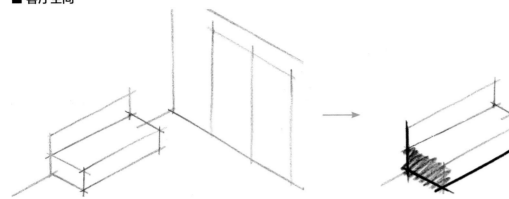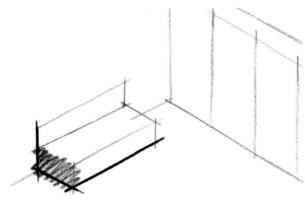

没有表现线条的轻重变化，同时没有表现阴影的客厅空间　　　　窗户在房间右侧，因此沙发的阴影表现应该在左侧

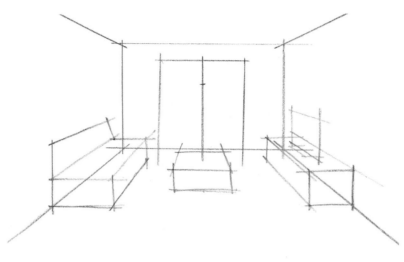

没有表现线条的轻重变化，同时没有表现阴影的客厅空间

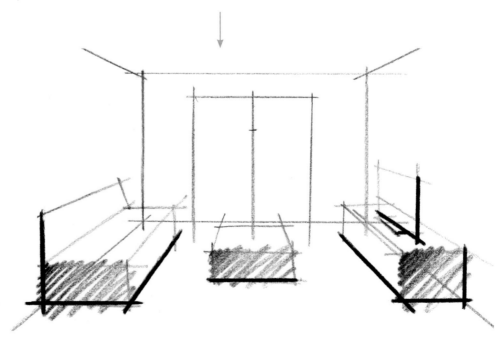

窗户在房间的中间，所以阴影需要添加在沙发的左侧、电视柜的右侧、茶几最近的侧面。阴影线条需要顺势超出边线。线条的势头、速度感可以传递出手绘的"味道"

线条强弱关系的运用：
以著名设计师设计的椅子为例

对著名设计师的作品稍加改动就可以变成不同的东西。边交流边快速表现时，即使相当简化的
画面业主也可以理解。

在平时的练习中我们要记住家具的简化形体，当进行较为详细的表现时便可以游刃有余了。

安排桌椅组合的客厅空间方案案例（约4分钟）

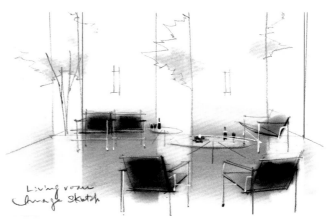

上色后的快速表现方案案例（线稿3分钟，合计7分钟）

活用线条的轻重、明暗变化进行快速表现

活用设计特长进行快速表现

改变椅子朝向进行表现

■ A-尝试简化表现

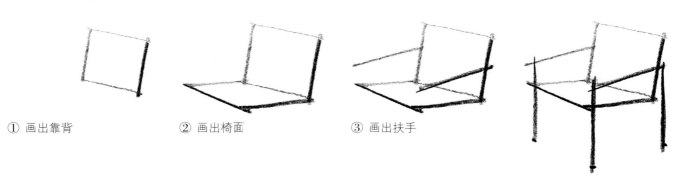

① 画出靠背

② 画出椅面

③ 画出扶手

④ 画出3条椅子腿，完成简化表现

着色的快速表现方案案例（线稿5分钟，合计10分钟）

安排沙发组合的客厅空间方案案例（约5分钟）

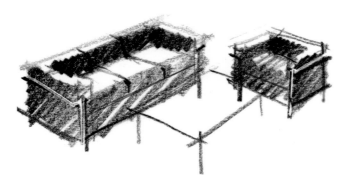

活用线条的轻重、明暗变化进行快速表现

活用设计特长进行快速表现（钢笔）

俯视效果

- -

■ B-尝试简化表现

① 画出上表面的大致形象

② 画出整体框架的大致形象

③ 画出座面的形象

④ 完成整体形象的简图

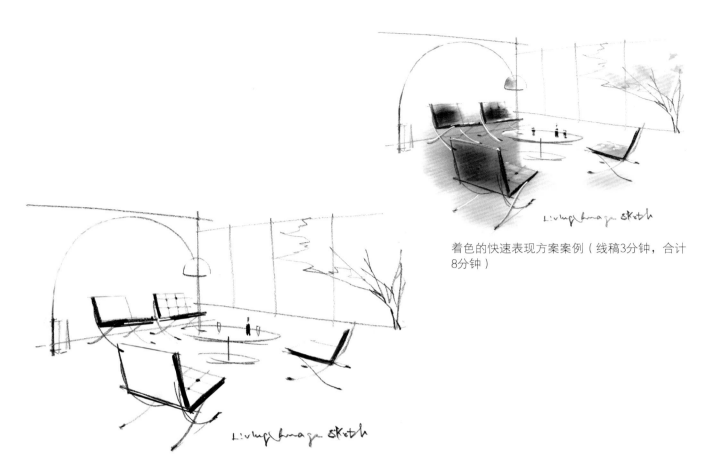

着色的快速表现方案案例（线稿3分钟，合计8分钟）

安排椅子组合的客厅空间方案案例（约5分钟）

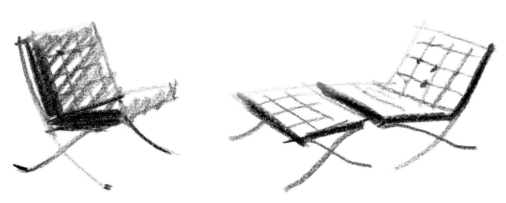

活用线条的轻重、明暗变化进行快速表现　　　　活用设计特长进行快速表现

■ C-尝试简化表现

① 画出靠背

② 画出椅面

③ 画出曲线形椅子腿

④ 画出剩余的椅子腿，完成简图

开始！

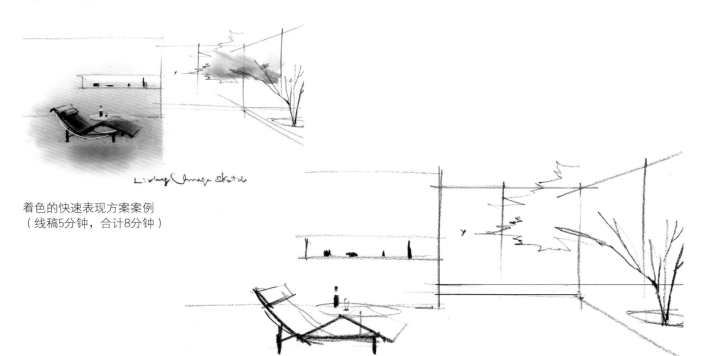

着色的快速表现方案案例
（线稿5分钟，合计8分钟）

摆出沙发的客厅空间方案案例（约3分钟）

活用线条的轻重、明暗变
化进行快速表现

活用设计特长进行快速表
现（钢笔）

改变角度进行快速表现

■ D-尝试简化

① 画出边线，定出
大致形象

② 画出椅面

③ 增加靠枕

④ 画出曲线形框架

⑤ 画出支撑脚，完成
简图

上色的要点

本章介绍床和家具的上色方法以及光影表现。
使用的工具是彩铅（大约6种颜色）、蜡笔、可塑橡皮及修正液。
即使是快速表现的简图，上色以及添加光影表现后也会增加其存在感。

上色的基础

可用于快速表现上色使用的工具很多，设计师在和业主面对面交流的同时进行快速表现需要其灵活的应变能力。

综合考虑速度和完成质量，并总结长期绘画的经验，笔者发现底色（地板、墙）适合用蜡笔表现；家具设备、小品等适合用彩铅表现；光、明亮的部分适合使用可塑橡皮表现。

同时，在光的表现中可以使用修正液去着重表现高光。这样去使用画具可以大幅提高着色速度，效果也更为出色。

用纸不用过于讲究，普通的A4复印纸即可。

考虑到现场应变能力，初学者在前期使用蜡笔时只需要基础3色再加2—3色即可。

彩铅6色就已足够。快速表现终究是表现在画纸上，即使想要真实再现日后方案实施时所采用的颜色，色差也绝对无法避免。

市面上有很多种蜡笔。作为参考，笔者使用的是Holbein的半硬质蜡笔

快速表现中彩铅6种颜色足够了，也可以用三菱的Dermatograph卷纸拉线彩铅的红、绿、蓝3色代替。

可塑橡皮在光的表现中不可或缺

修正液。表现高光时使用（Pentel极细修正液细的一端）

蜡笔主要用来涂地板。涂上白色蜡笔，用指尖抹匀打底，然后涂上茶色，这样可以使画面更为柔且没有色斑

不用白色蜡笔涂抹打底而直接涂茶色，就会像图中这样出现较多色斑

■ 尝试沙发的描绘

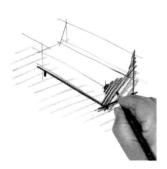

① 画出沙发线稿

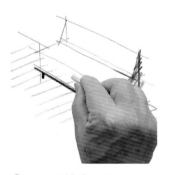

② 用白色蜡笔打底

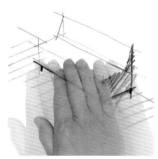

③ 四指并拢，水平方向挥动抹匀

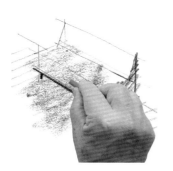
④ 给地板上色（茶色蜡笔）

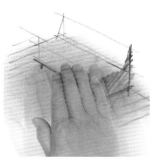
⑤ 轻轻地将地板的颜色抹匀，沙发上沾上颜色也不用担心

⑥ 阴影部分用黑色蜡笔进行涂抹

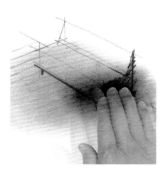
⑦ 用手指抹匀，晕染开

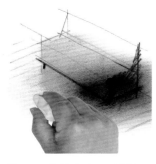
⑧ 用可塑橡皮表现地板上的亮部（擦除蜡笔印）

⑨ 用可塑橡皮表现沙发座面

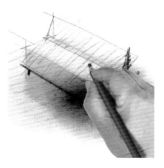
⑩ 用彩铅表现沙发。轻轻地整体扫一遍

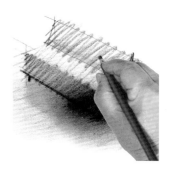
⑪ 稍稍用力表现靠背及前侧面

⑫ 用力涂抹加深侧面部分

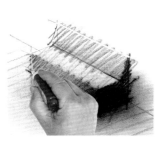
⑬ 用修正液强调高光处，完成

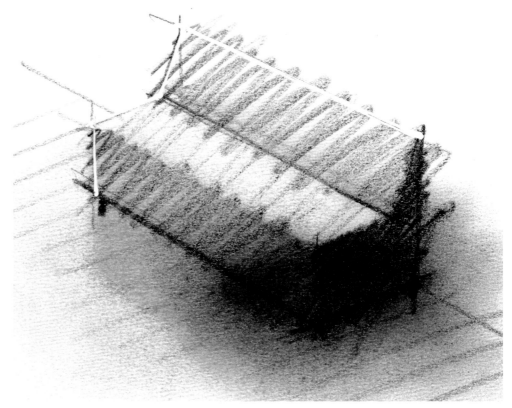

表现时间约3分钟

窗口光影映射表现 1

这一节主要介绍窗户的透光部分在地板上的映射的表现，而不是从窗户射到地板上的阳光。就像这里的参考案例，地板上的映射并不是光从斜向射入，而是将地板想象成一面镜子，去描绘垂直的窗户自身在地板上的倒影。这样进行表现可以凸显地板精湛的完成度。在A4复印纸下垫上本书p.155的一点透视参考图，可以更容易地把握透视的平衡。

窗口映射的参考透视图
（摘自《室内装饰·色彩-SuperTalk》，长谷川矩祥）

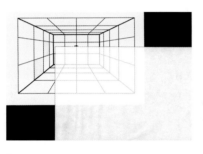

① 将p.155的一点透视参考图置于A4复印纸下方

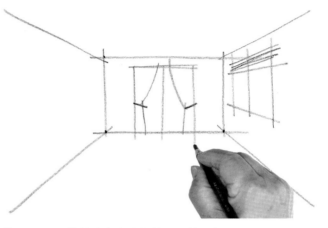

② 画出正面的落地窗和右侧墙壁上的腰窗

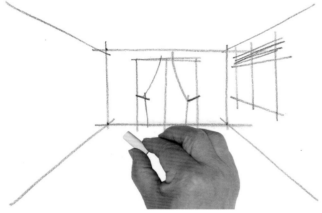

③ 用白色蜡笔涂抹地板打底

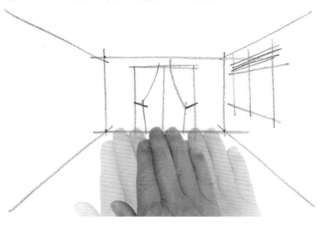

④ 用手指将地板上的白色蜡笔印整体均匀抹开，可以溢出到地板边线外

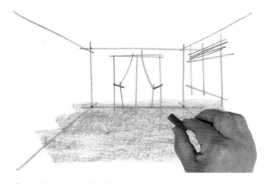

⑤ 用茶色蜡笔涂满（轻柔地涂抹）地板

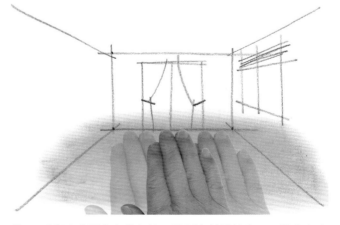

⑥ 用手指在水平方向均匀抹开地板上的蜡笔印，至没有色斑

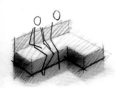

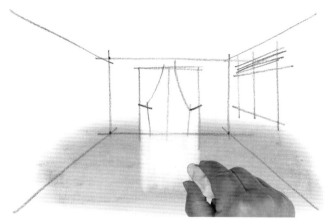

⑦ 用可塑橡皮表现落地窗的映射

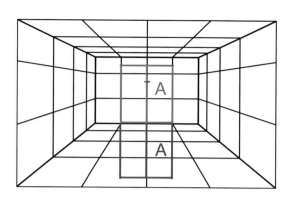

用可塑橡皮表现地板上的映射A（蓝色），长度与落地窗的高度A（红色）一致

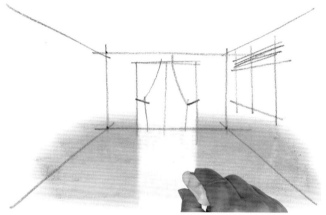

⑧ 在地板上的映射原本应和落地窗的高A一样高。这里将地板上的映射用可塑橡皮顺势延长。这样可以不用刻意去测量映射的长度，进而在一定程度上提高了速度

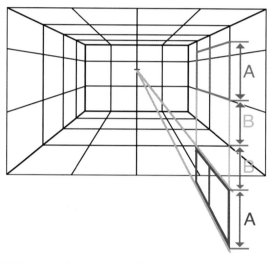

用可塑橡皮表现腰窗在地板上的映射，其长度和腰窗的高度A（红色）+腰窗到地板的距离B是一样的。A（蓝色）部分便是所要表现的映射

75

⑨ 用可塑橡皮表现腰窗的映射，完成

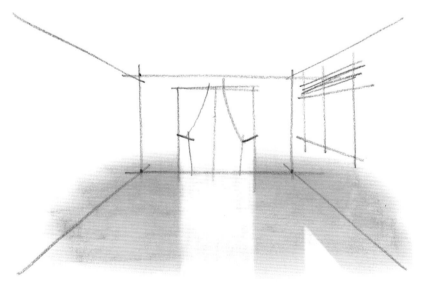

表现映射时可以省略对窗帘的描绘。表现时间约2分钟

窗口光影映射表现 2

在两点透视表现中正下方的地板上也存在着映射关系。在A4复印纸下垫上本书 p.156的两点透视参考图，可以更容易地把握透视的平衡。

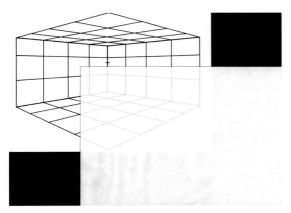 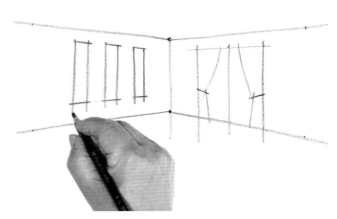

① 将p.156的两点透视参考图置于A4复印纸的下方

② 画出左侧墙壁的竖向长条窗和右侧墙壁的落地窗

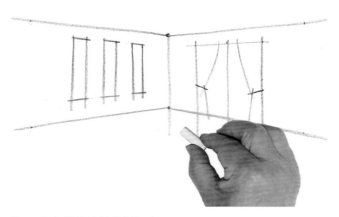 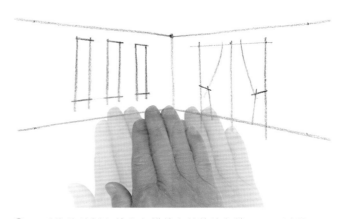

③ 用白色蜡笔涂抹地板打底

④ 用手指将地板上的白色蜡笔印整体均匀抹开，可以溢出到地板边线外

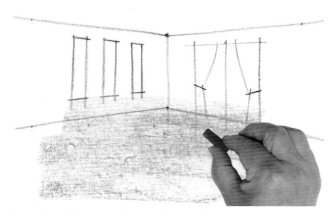 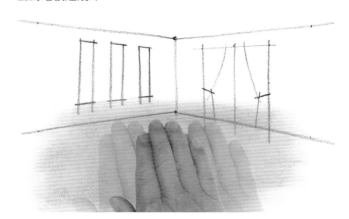

⑤ 用茶色蜡笔涂满（较轻的力度）地板

⑥ 用手指在水平方向均匀抹开地板上的蜡笔印，至没有色斑

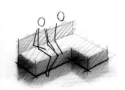

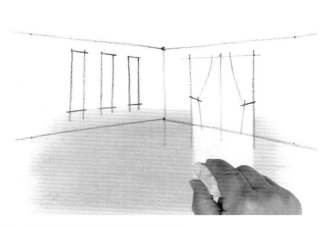

⑦ 用可塑橡皮表现落地窗的映射

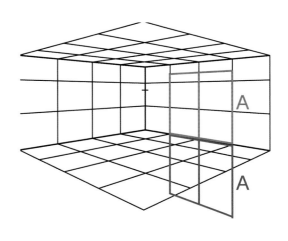

用可塑橡皮表现地板上的映射A（蓝色），长度与落地窗的高度A（红色）一致

⑧ 用可塑橡皮表现竖向长条窗的映射，完成

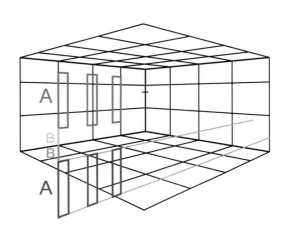

用可塑橡皮表现长条窗在地板上的映射，其长度和长条窗的高度A（红色）+B（黄色）是一样的。A（蓝色）部分便是所要表现的映射

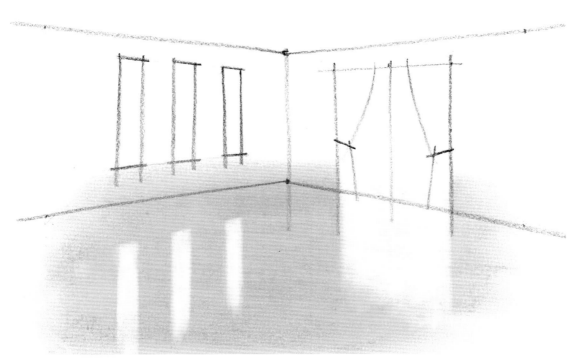

表现映射时可以省略对窗帘的描绘。表现时间约2分钟

窗口光影映射表现 3：地板和家具上色

练习快速表现构成较为简单的客厅空间。在A4复印纸下垫上本书p.156的两点透视参考图，可以更容易地把握透视的平衡。

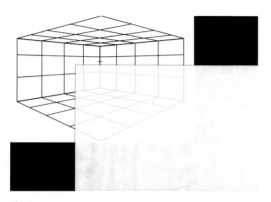

① 将p.156的两点透视参考图置于A4复印纸的下方

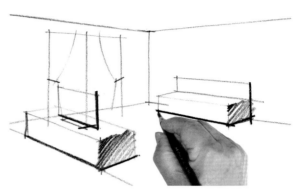

② 完成线稿的描绘（约2分钟）

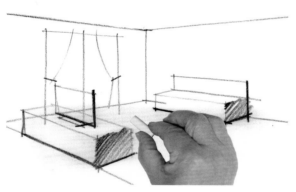

③ 用白色蜡笔涂抹地板打底

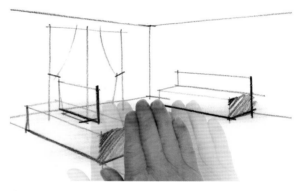

④ 用手指将地板上的白色蜡笔印整体均匀抹开，可以溢出地板边线外（水平方向）

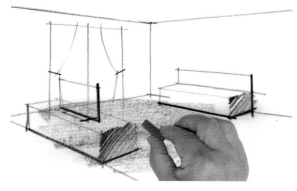

⑤ 用茶色蜡笔涂满（较轻的力度）地板

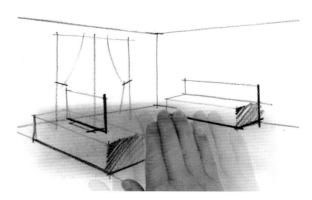

⑥ 用手指在水平方向均匀抹开地板上的蜡笔印，至没有色斑

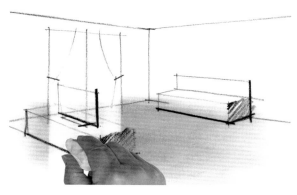

⑦ 用可塑橡皮表现落地窗的映射

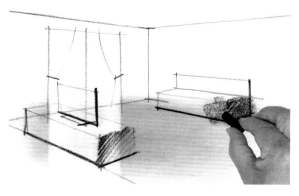

⑧ 阴影用黑色蜡笔进行涂抹

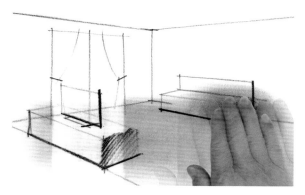

⑨ 用手指将阴影抹匀（大范围晕染开）

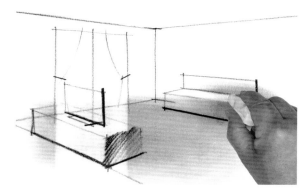

⑩ 用可塑橡皮擦去沙发座面上附着的蜡笔印

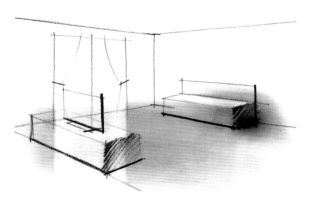

⑪ 也可以在这一阶段结束快速表现

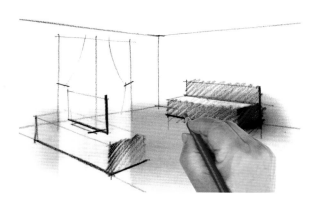

⑫ 用彩铅对沙发进行描绘，完成

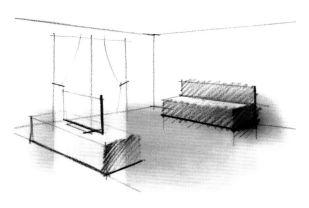

表现时间约5分钟

间接照明1：客厅表现

这一节使用可塑橡皮、蜡笔、修正液表现间接照明。因为是针对照明效果的练习，所以这里对所使用的颜色种类进行了限制。在A4复印纸下垫上本书p.155的一点透视参考图，可以更容易地把握透视的平衡。

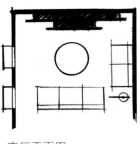

客厅平面图

第
4
章

上
色
的
要
点

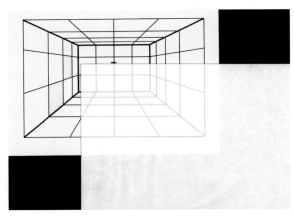

① 将p.155的一点透视参考图置于A4复印纸下方

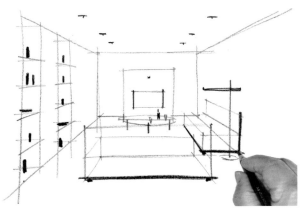

② 完成客厅空间线稿的描绘（约3分钟）

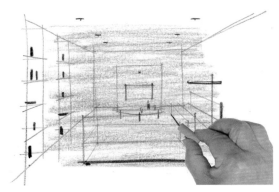

③ 白色蜡笔涂抹打底后，用灰色蜡笔涂抹整体画面

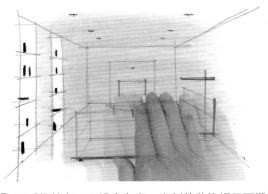

④ 用手指抹匀，至没有色斑。左侧的装饰柜用可塑橡皮加亮

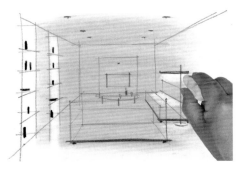

⑤ 用可塑橡皮表现沙发的座面和落地灯的照明

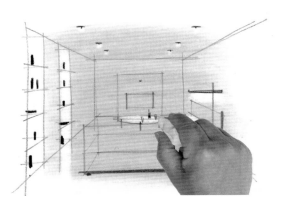

⑥ 用可塑橡皮表现吊顶筒灯和客厅茶几

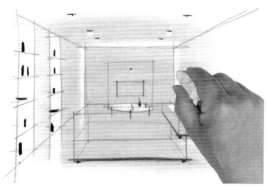

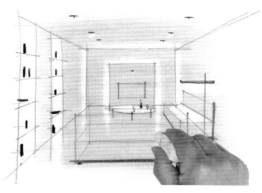

⑦ 用可塑橡皮表现出正面墙壁间接照明的光亮

⑧ 用可塑橡皮表现出电视墙和正面墙壁间接照明的光亮（同时表现出地板上的映射）

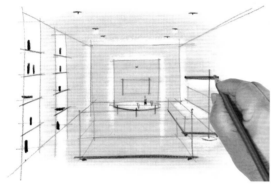

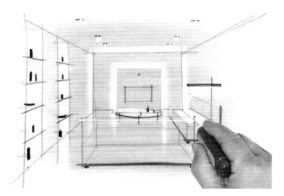

⑨ 用绿色彩铅表现落地灯的灯罩、客厅茶几、装饰柜面板的截面

⑩ 用修正液加亮吊顶筒灯、沙发、客厅茶几的亮部，完成

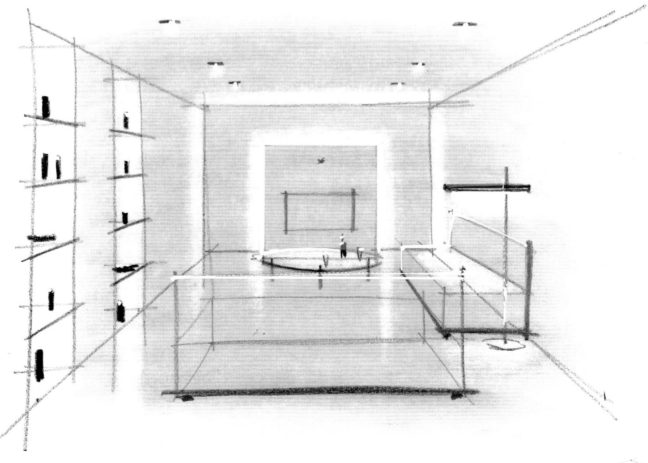

表现时间约6分钟

间接照明2：
拱形吊顶卧室表现

在拱形吊顶柔和的氛围中加入间接照明和筒灯。

这一节多处需要使用可塑橡皮进行表现，例如床头板的间接照明效果等。同时为了使整体上色效果更加出色，这里不仅仅用手指，还使用面巾纸来抹匀画面上的蜡笔印。

在A4复印纸下垫上本书p.155的一点透视参考图，可以更容易地把握透视的平衡。

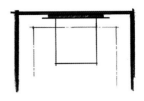

构成简单的卧室空间平面图

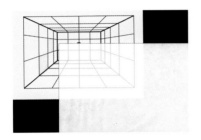

① 将p.155的一点透视参考图置于A4复印纸下方

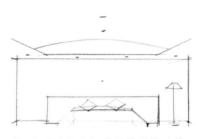

② 完成卧室空间线稿的描绘（约3分钟）

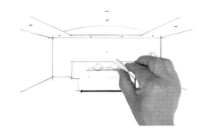

③ 用白色蜡笔涂抹整体画面打底

第4章 上色的要点

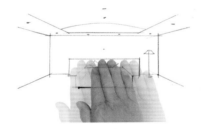

④ 用手指将白色蜡笔印整体抹匀

⑤ 用浅棕色蜡笔涂抹画面整体

⑥ 为了使颜色显得更加协调，可以用灰色蜡笔多涂一遍

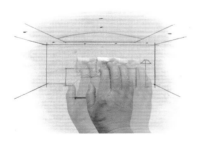

⑦ 用面巾纸将画面整体抹匀（画面较大的情况下）

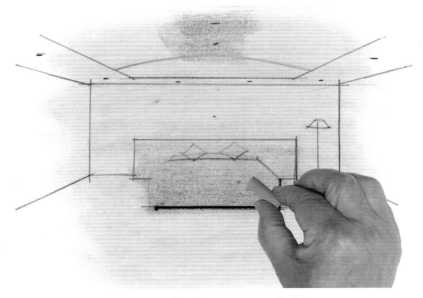

⑧ 用灰色蜡笔添加天花板和床的阴影（为了强调立体感）

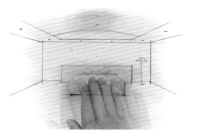 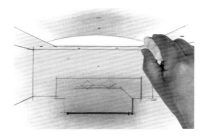 

⑨ 用手指抹匀   ⑩ 用可塑橡皮表现吊顶筒灯的照明   ⑪ 用可塑橡皮处理床头板的周围
效果

⑫ 用可塑橡皮擦亮落地灯   ⑬ 用可塑橡皮表现床垫   ⑭ 用修正液强调吊顶筒灯，完成

表现时间约7分钟

光影表现要点

光影表现的要点是用蜡笔进行的阴影表现以及可塑橡皮对亮部的处理技巧。

用可塑橡皮表现走廊在地板上的映射

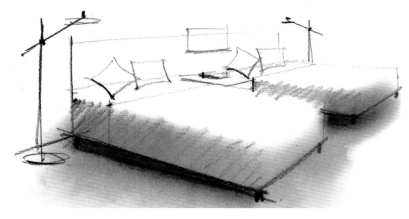

床垫用可塑橡皮进行表现，保证将床垫上的蜡笔印擦除干净

将客厅沙发的座面用可塑橡皮擦亮。先用蜡笔涂满地板，然后用可塑橡皮擦去多余的部分，来表现沙发在地板上的映射

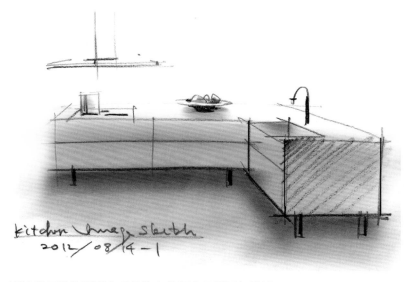

巧妙利用蜡笔阴影表现的特点使厨房显得更加鲜活

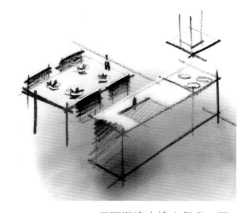

用可塑橡皮擦去餐桌、厨房操作台上表面附着的蜡笔印，画面立刻变得清爽而生动

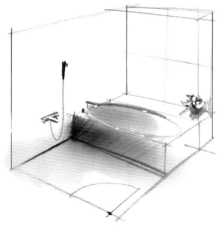

用可塑橡皮擦拭浴室窗口四周，画面立刻更具明快的色彩效果

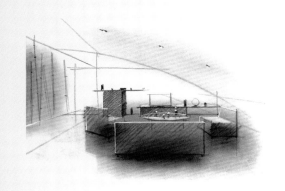

快速表现方案设计展示

作为之前章节的活用和实践，
这一章主要在模拟设计师和业主商议的同时进行快速表现，
并掌握在交流中进行快速表现的能力。

7分钟快速表现：
卫浴空间

为了向业主简明地呈现设计中浴室、盥洗室、洗手间的位置及使用关系等，需要将各个空间之间的墙壁进行透明化处理。

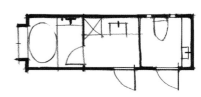

将卫浴空间各功能区横向排列的平面设计图

① 采用平行投影开始进行快速表现。用卷纸拉线铅笔（三菱Dermatograph No.7600）轻轻画出地板边线

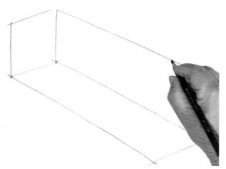

② 画出卫生间整体空间的墙壁

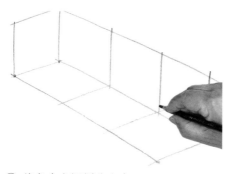

③ 将各个空间划分出来

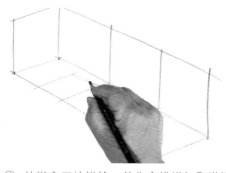

④ 从浴室开始描绘，首先安排浴缸和淋浴的位置

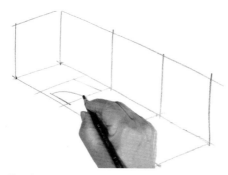

⑤ 然后画出浴室的门

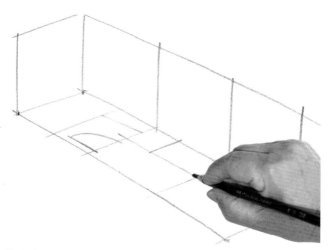

⑥ 安排盥洗室的洗衣机、洗手台的位置

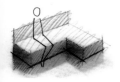

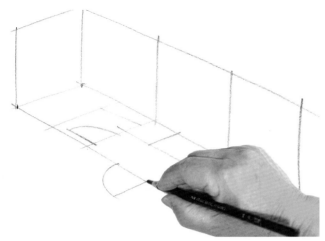

⑦ 画出盥洗室的门

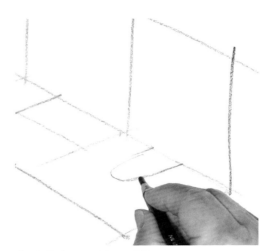

⑧ 安排洗手间坐便器的位置

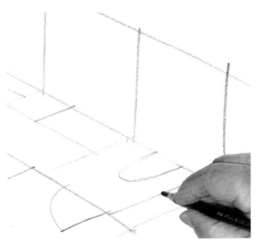

⑨ 画出洗手间的门和洗手池的位置

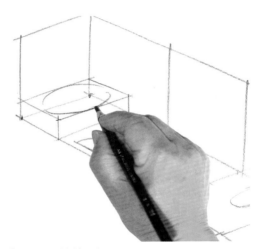

⑩ 画出立体的浴缸

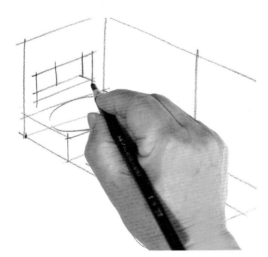

⑪ 画出浴室的飘窗

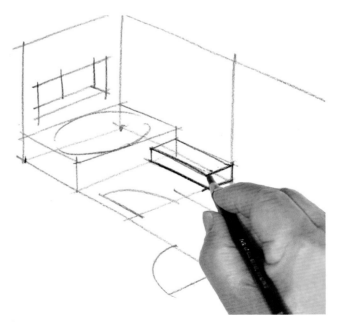

⑫ 画出放置洗脸盆的小柜台

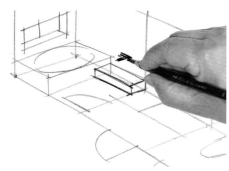

⑬ 画出水龙头等五金件

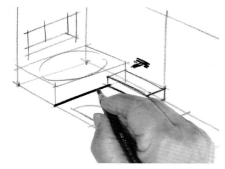

⑭ 赋予线条强弱关系，增加画面的易读性

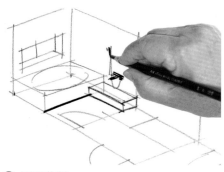

⑮ 画出花洒

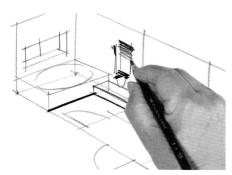

⑯ 画出镜子，浴室表现完成

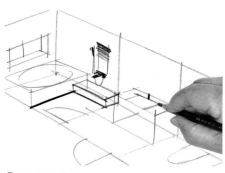

⑰ 画出洗脸池

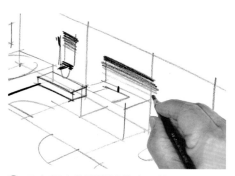

⑱ 用有层次的阴影排线表现镜子

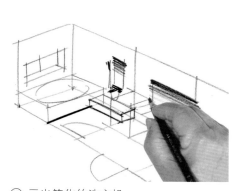

⑲ 画出简化的洗衣机

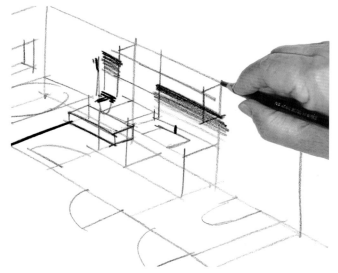

⑳ 画出简化的吊柜

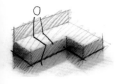

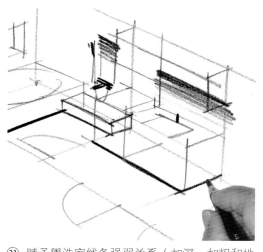

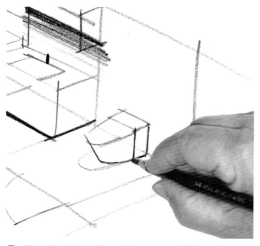

㉑ 赋予盥洗室线条强弱关系（加深、加粗和地板交界线的线条），完成盥洗室的快速表现

㉒ 按照线稿标明的位置画出无水箱坐便器

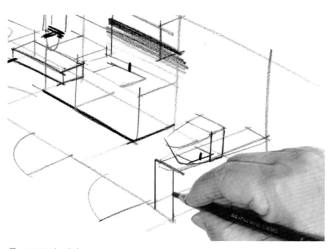

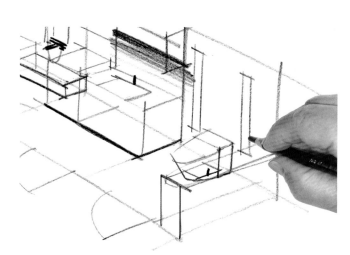

㉓ 画出洗手台

㉔ 加入长条窗，完成洗手间的描绘

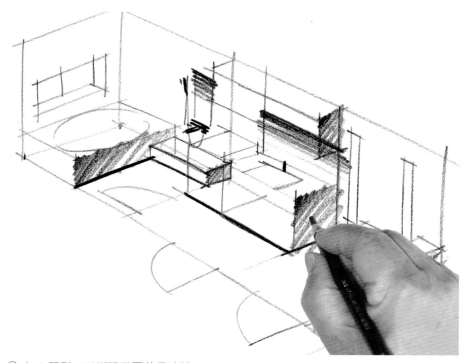

㉕ 加入阴影可以增强画面的易读性

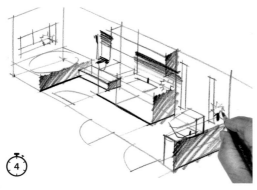

㉖ 在浴室的飘窗、盥洗室的洗脸台、洗手间的洗手台上简单地画出植物。至此，铅笔的快速表现完成。在没有时间的情况下可以在这里结束方案表达（约4分钟）

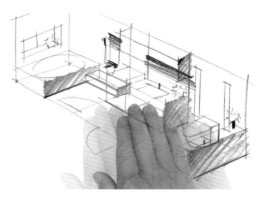

㉗ 接下来进行上色。首先用白色蜡笔打底

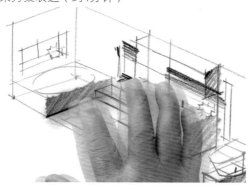

㉘ 然后用手指抹开浴缸上的排线便可以形成恰到好处的阴影

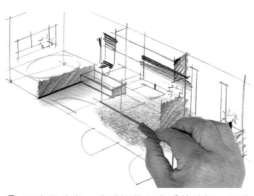

㉙ 因为盥洗室、洗手间使用木质的地板，因此使用茶色的蜡笔进行表现

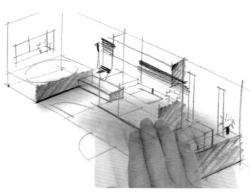

㉚ 用手指抹匀茶色蜡笔印

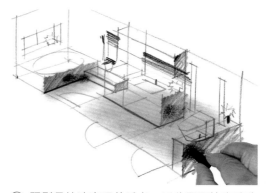

㉛ 阴影是快速表现的重点，因此需要恰当地选择阴影的位置并用黑色表现。阴影过多会使画面整体偏暗，因此不需要大量表现

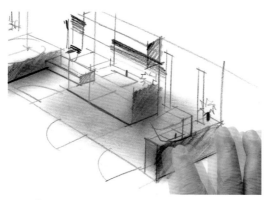

㉜ 用手指抹匀

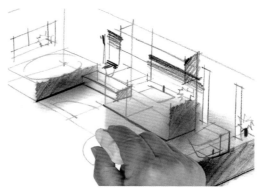

㉝ 用可塑橡皮擦除想要加亮部位的蜡笔印

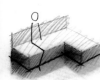

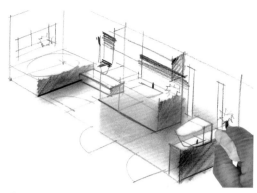

㉞ 用可塑橡皮擦拭洗脸台、坐便器上表面来表现亮部，画面整体变得更加清爽

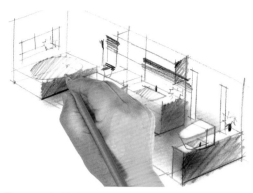

㉟ 用彩铅排线表现浴缸、洗脸池、洗手池的水（热水）

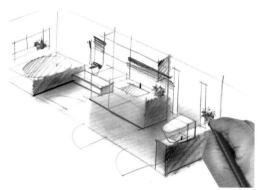

㊱ 用彩铅表现3处的花束（红色和绿色）

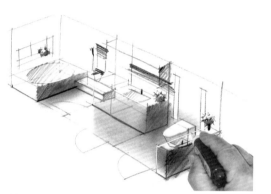

㊲ 用修正液表现亮部以及画面的重点部位，完成

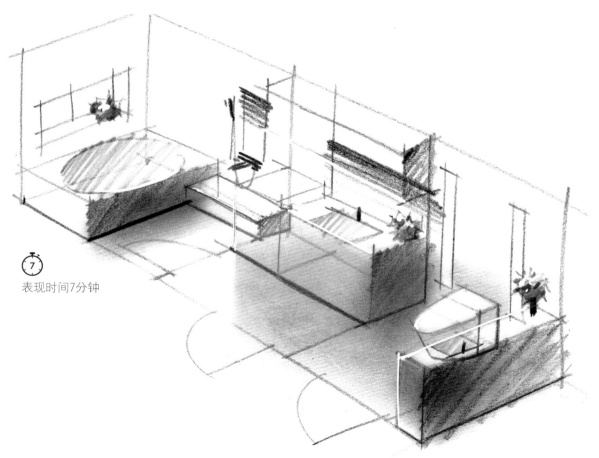

⑦
表现时间7分钟

7分钟快速表现：
鸾凤和鸣的两口之家

直接利用平面图进行单面投影，是快速表现的一种方式。

先折纸再进行后续的绘画工作，因此被称为折纸表现。

这是一种非常适合在与业主面对面交流中使用的表现手法。下面练习对年长夫妇居住的一室一厅空间的描绘。

捏起A4复印纸的右下角

翻起右下角，沿着对角线对折，并用力按压出折痕

将纸展开便会看到明显的对角线折痕

将纸张斜过来使折痕保持水平，到这里就完成了折纸表现的前期准备工作

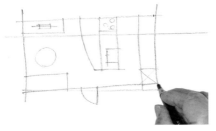

① 画出平面图

② 重新将纸斜着放平，平面图便会斜过来

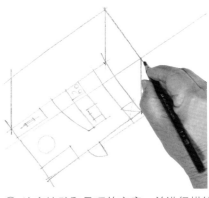

③ 注意墙壁和吊顶的高度，并进行描绘

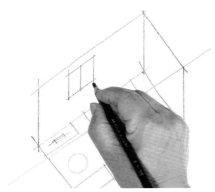

④ 在墙壁上加入窗户

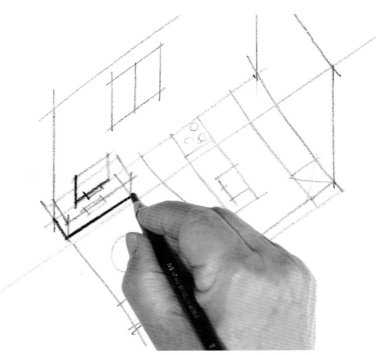

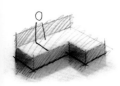

⑤ 在对电视柜的描绘中赋予线条强弱关系

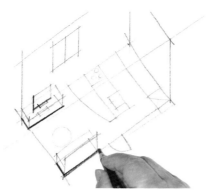

⑥ 画出沙发

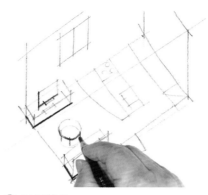

⑦ 画出茶几

⑧ 画出厨房操作台

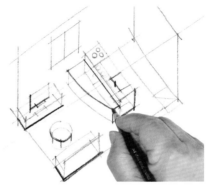

⑨ 画出餐桌

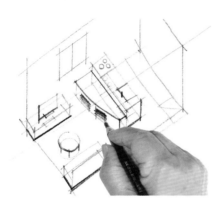

⑩ 画出椅子的两条椅腿

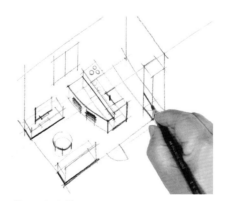

⑪ 画出冰箱

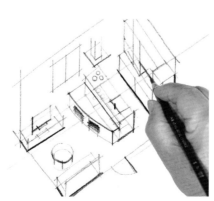

⑫ 画出整套橱柜

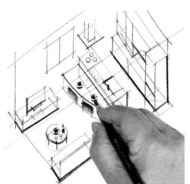

⑬ 画出餐食

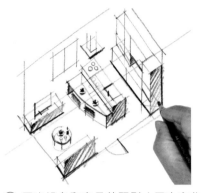

⑭ 画出设备和家具的阴影（层次变化）

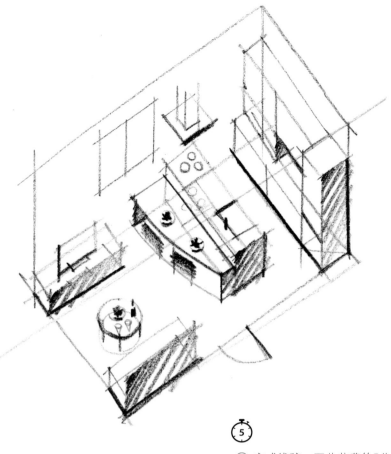

⑮ 完成线稿。至此花费约5分钟

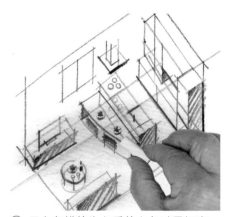

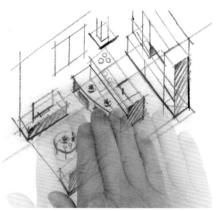

⑯ 用白色蜡笔为之后的上色过程打底

⑰ 用手指将准备上色的地板部分的白色蜡笔印抹匀

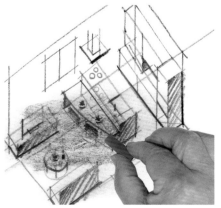

⑱ 用茶色蜡笔涂抹地板

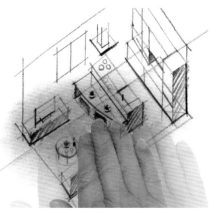

⑲ 用手指将茶色蜡笔印抹匀至没有大块的色斑

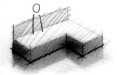

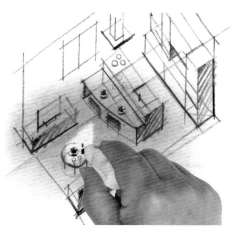

⑳ 目测出腰窗在地板上映射的位置,并用可塑橡皮擦去此处的蜡笔印

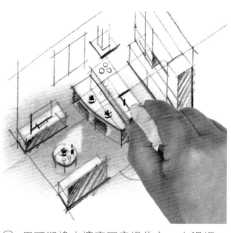

㉑ 用可塑橡皮擦亮厨房操作台、电视柜、沙发以及茶几的上表面

㉒ 用浅蓝色彩铅涂抹水槽内部

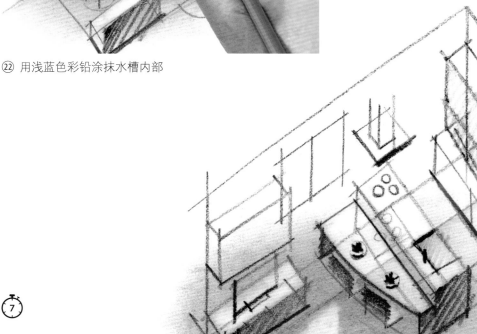

㉓ 用彩铅涂抹餐食

⑦

本例中尽量限制了颜色种类,因为我们在快速表现的初始阶段学习中,不需要追求特定的形象,而是应该注意画面的整体氛围。表现时间7分钟

⑩ 10分钟快速表现：
在悠然的午后，享受下午茶时光

该一室一厅空间采用了开放式厨房，方便一家人享受下午茶时光。

与业主面对面交流时进行快速表现，设计师需要控制色彩种类并快速完成，降低业主有色彩偏好的风险。

捏起A4复印纸的右下角

翻起纸张右下角，沿着对角线对折，并用力按压出折痕

将纸展开便会看到明显的对角线折痕

将纸张斜过来使折痕保持水平，到这里就完成了折纸表现的前期准备工作

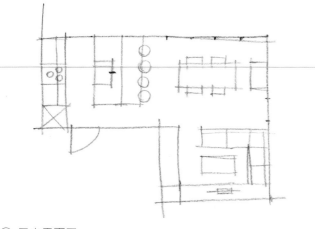

① 画出平面图

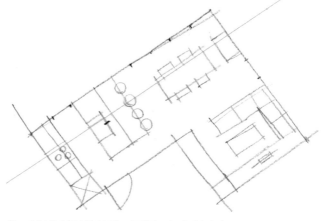

② 重新将纸斜着放平，平面图便会斜过来

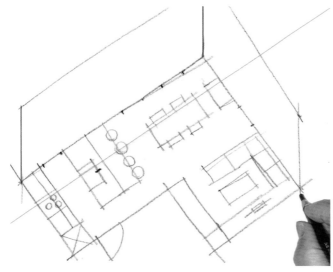

③ 注意墙壁和吊顶的高度，并进行描绘

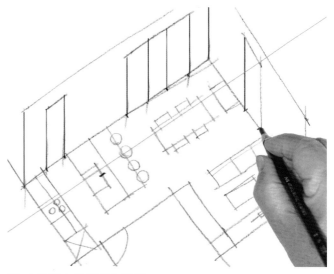

④ 在墙壁上画出窗户和门

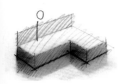

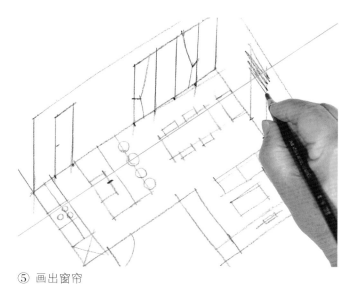

⑤ 画出窗帘

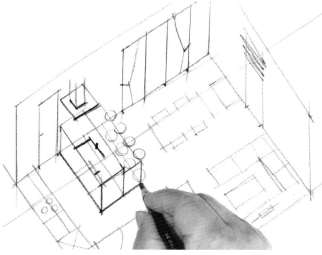

⑥ 画出厨房

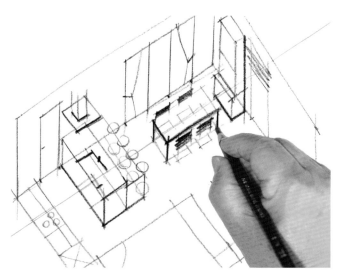

⑦ 画出橱柜和餐桌椅组合

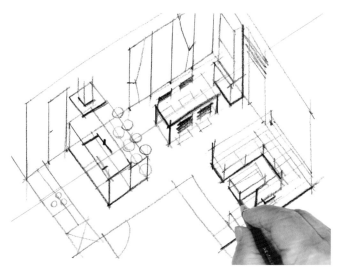

⑧ 画出沙发和客厅空间

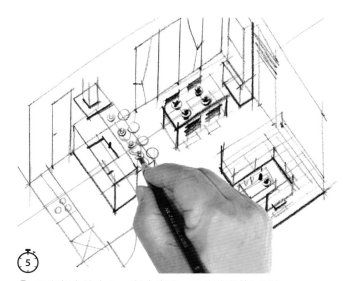

⑨ 画出餐食等小品，完成线稿。至此花费约5分钟

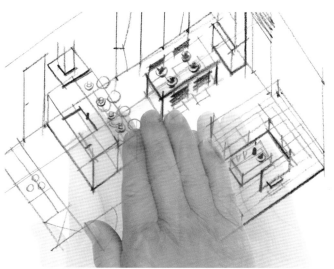

⑩ 接下来进入上色阶段。用白色蜡笔打底

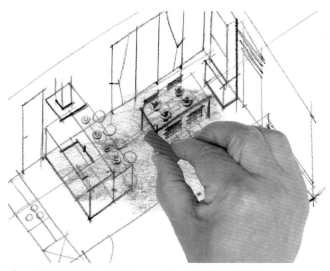

⑪ 用茶色蜡笔涂抹地板。主要是门和窗户的周边

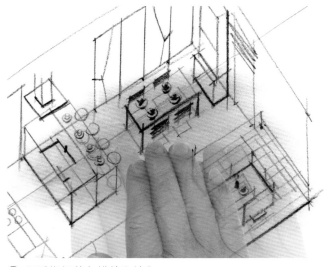

⑫ 用手指把茶色蜡笔印抹匀

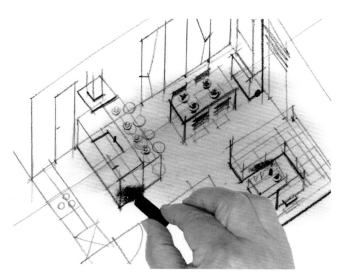

⑬ 用黑色蜡笔涂抹阴影部分（最低限度）

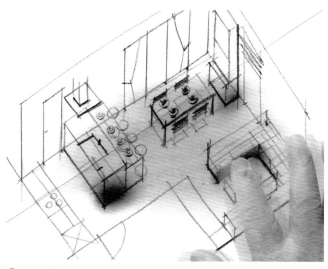

⑭ 用手指把黑色蜡笔印抹匀

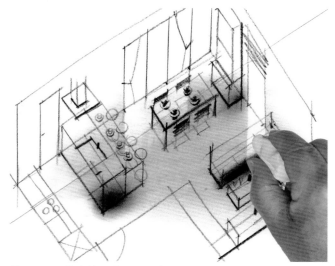

⑮ 用可塑橡皮擦去窗户在地板映射处的蜡笔印

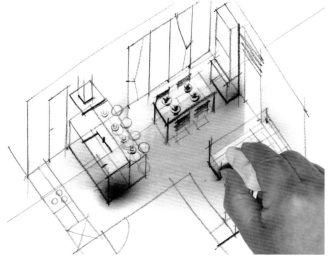

⑯ 用可塑橡皮擦拭厨房操作台、餐桌、客厅空间的设备以及家具的上表面来表现亮部

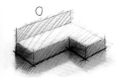

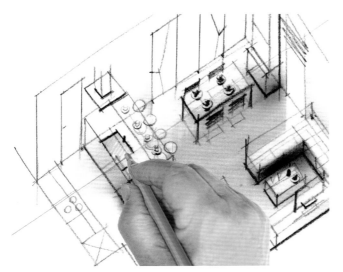

⑰ 用浅蓝色彩铅涂抹水槽

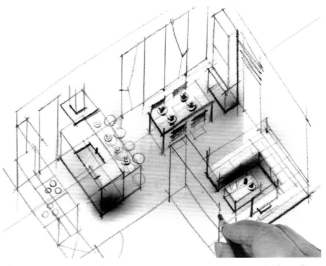

⑱ 用卷纸拉线铅笔（三菱Dermatograph No.7600）表现客厅装饰柜，仅画出轮廓线

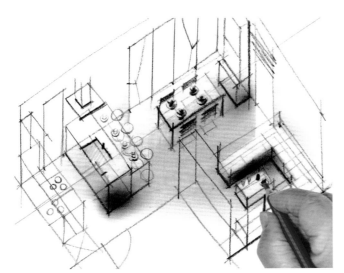

⑲ 用彩铅涂抹餐食

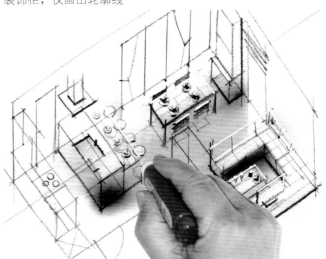

⑳ 用修正液为画面加入高光点，完成

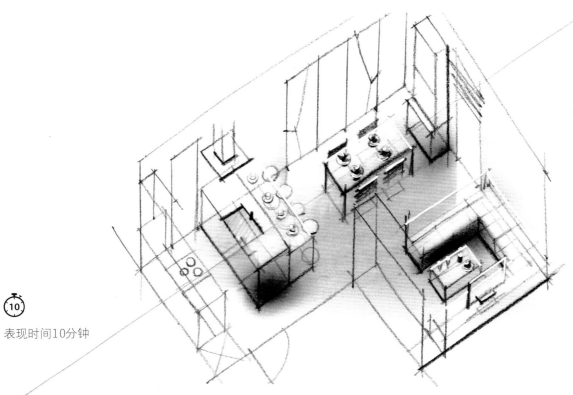

 表现时间10分钟

5分钟快速表现：
边看电视边沉浸于休闲时刻

使用一点透视来表现约13㎡大小，由沙发、电视柜、茶几构成的简洁的客厅空间。

近处斜向摆放的沙发可能是本案例快速表现的难点，只要多加练习，就一定不成问题。

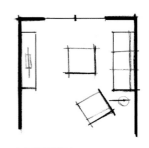

客厅平面图

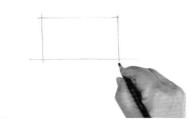

① 画出正面的墙壁。竖横比约为2：3

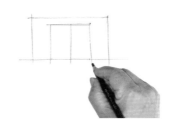

② 画出落地窗

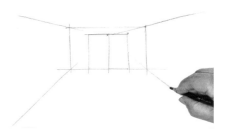

③ 画出地板和墙壁的线条

第5章
快速表现方案设计展示

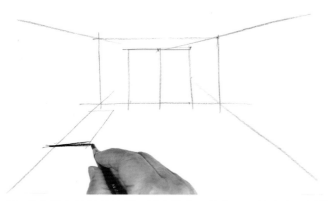

④ 注意线条的强弱关系，并安排家具的位置，首先从左侧的电视柜开始画

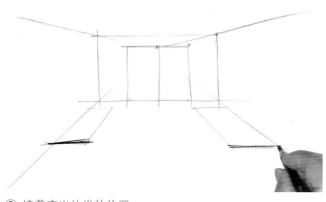

⑤ 接着定出沙发的位置

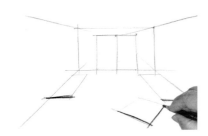

⑥ 定出斜向沙发的位置

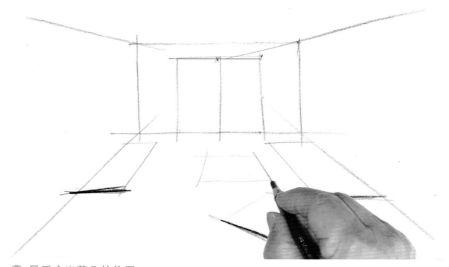

⑦ 最后定出茶几的位置

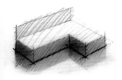

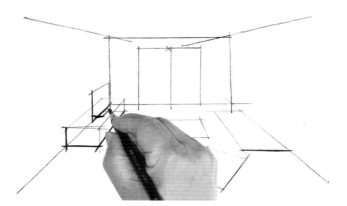

⑧ 画出电视柜、电视

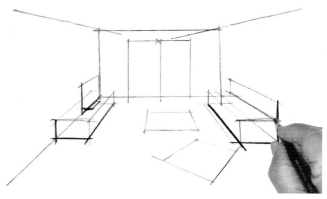

⑨ 画出沙发

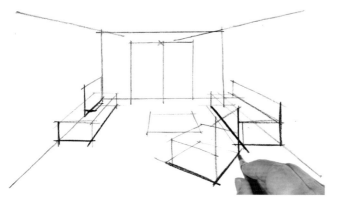

⑩ 将面前最近的沙发画得大一些，同时注意画面整体的平衡

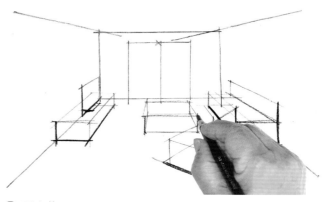

⑪ 画出茶几

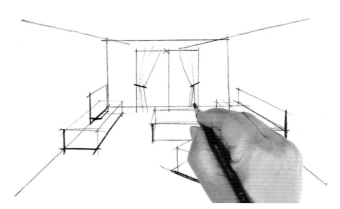

⑫ 画出窗帘。着重表现扎带，窗帘褶皱弱化处理

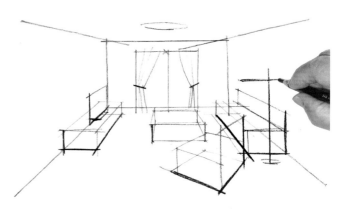

⑬ 画出照明工具（吸顶灯、落地灯）

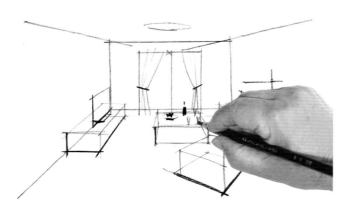

⑭ 在桌子上画些小品

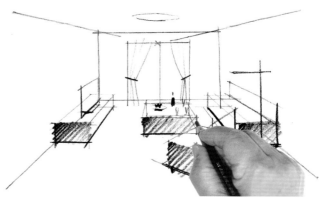

⑮ 窗口在正面，所以在主视角一侧要为家具侧面加上阴影

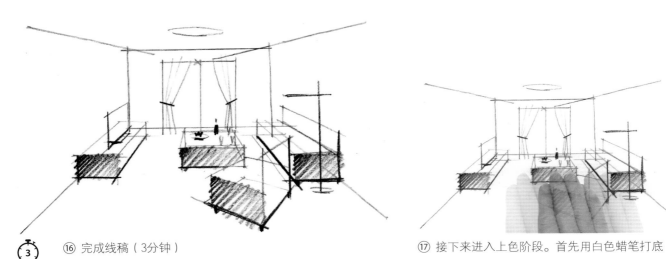

③ ⑯ 完成线稿（3分钟）

⑰ 接下来进入上色阶段。首先用白色蜡笔打底

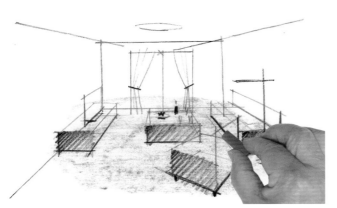

⑱ 接着用茶色蜡笔涂抹地板

⑲ 用手指把茶色蜡笔印抹匀

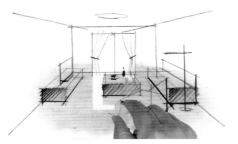

⑳ 用可塑橡皮表现落地窗的映射

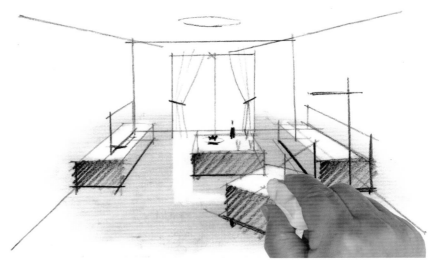

㉑ 用可塑橡皮擦去沙发座面等亮部的蜡笔印

第5章　快速表现方案设计展示

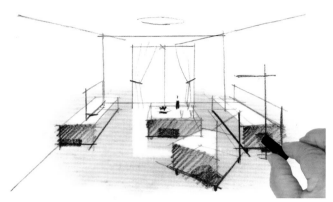

㉒ 用黑色蜡笔涂抹阴影

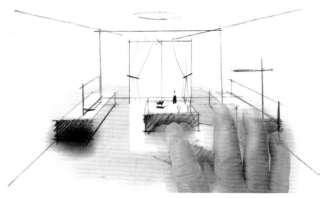

㉓ 用手指把黑色蜡笔印抹匀

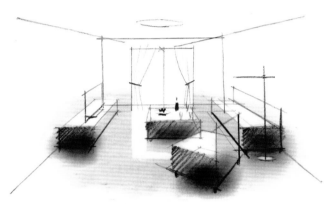

㉔ 大致完成

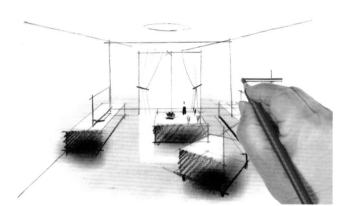

㉕ 落地灯和餐食用彩铅上色，完成

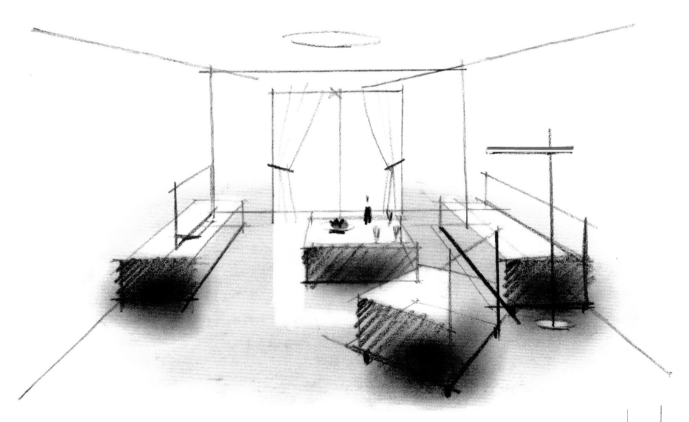

⑤ 表现时间5分钟

⏱10 10分钟快速表现：
玻璃砖隔断的玄关

用一点透视来表现约13㎡大小的玄关空间。

玻璃砖隔断后侧具有收纳功能。照明效果是决定画面质量的关键。

同时，上色时可塑橡皮的运用也十分重要。

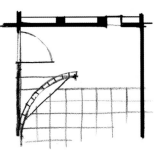

玄关平面图

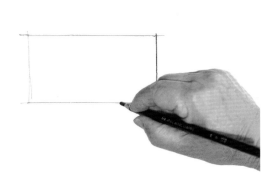

① 画出正面的墙壁。约13㎡大小空间的墙壁比例约为2：3。按照大致的比例画出

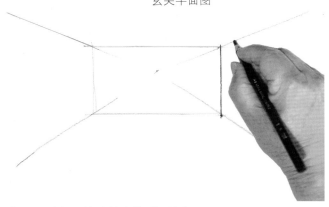

② 引出地板、墙壁基本的透视线条

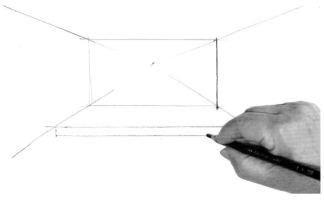

③ 画出台阶

④ 引出换鞋处的线条

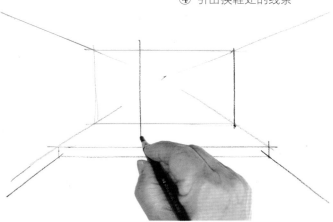

⑤ 引出玻璃砖隔断的基准线

第5章 快速表现方案设计展示

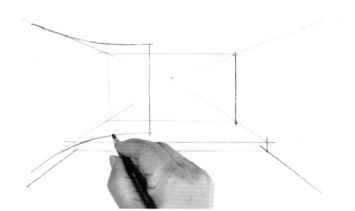

⑥ 靠感觉画出玻璃砖隔断的曲线

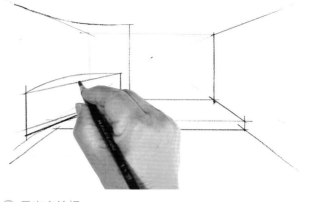

⑦ 画出玄关柜

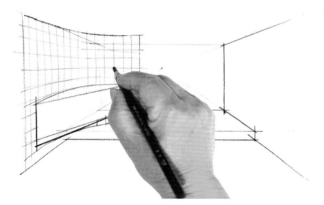

⑧ 虽然费时，但有必要画出玻璃砖的砖缝

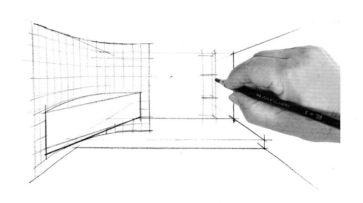

⑨ 加入装饰柜

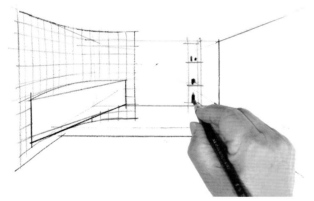

⑩ 加入对陈列品的描绘

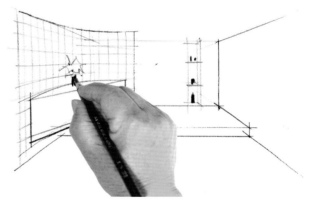

⑪ 加入对花和花瓶的描绘

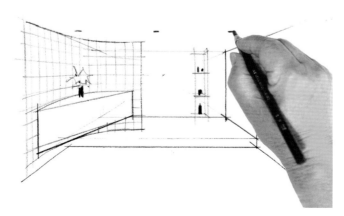

⑫ 画出吊顶的筒灯

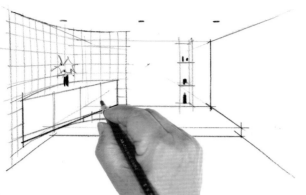 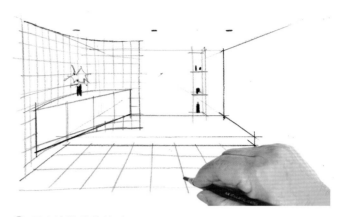

⑬ 画出玄关柜门扇的线条　　　　　　　　　⑭ 画出换鞋处的地砖

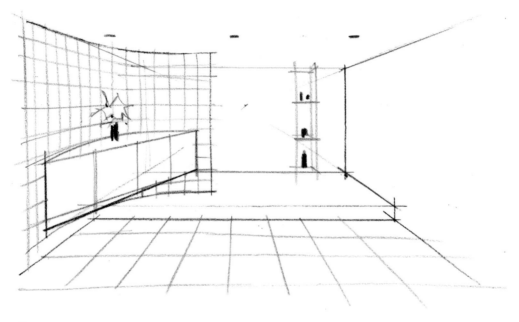

⑤ ⑮ 完成线稿（约5分钟）

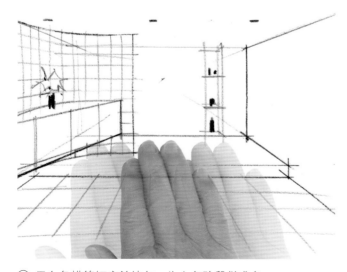 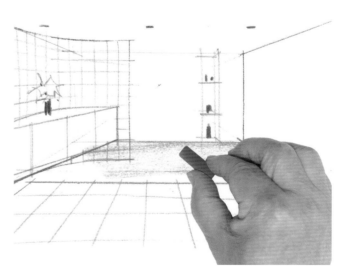

⑯ 用白色蜡笔打底并抹匀，为上色阶段做准备　　⑰ 用茶色蜡笔为地板上色

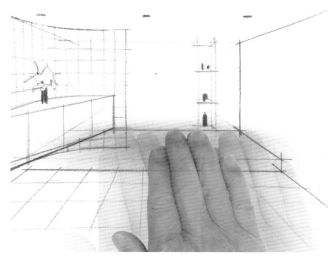

⑱ 用手指将地板的颜色抹匀

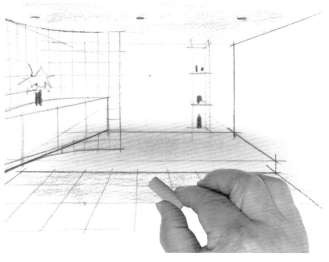

⑲ 用灰色蜡笔涂抹天棚和换鞋处

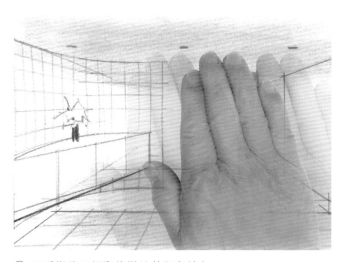

⑳ 用手指将天棚和换鞋处的颜色抹匀

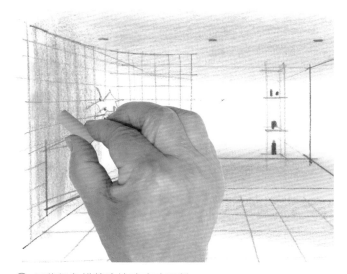

㉑ 用蓝绿色蜡笔涂抹玻璃砖隔断

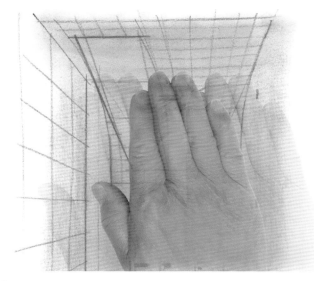

㉒ 将纸张方向改为纵向（玻璃砖隔断在画面的上方），同时在水平方向将颜色抹匀，形成渐变的效果

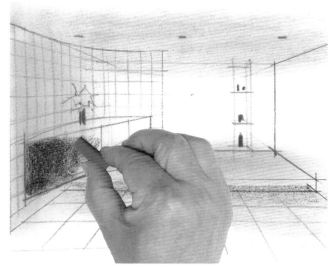

㉓ 将纸重新放正，用灰黑色蜡笔涂抹玄关柜

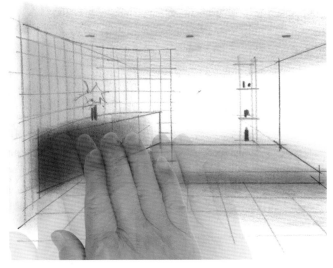

㉔ 用手指将颜色抹匀

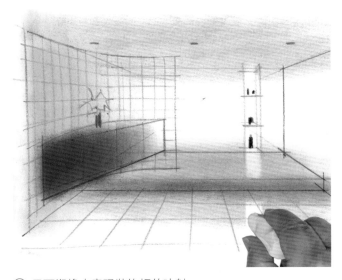

㉕ 用可塑橡皮表现装饰柜的映射

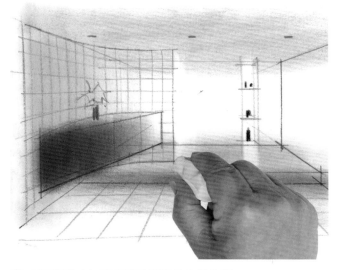

㉖ 用可塑橡皮加亮玻璃砖隔断的右侧地板

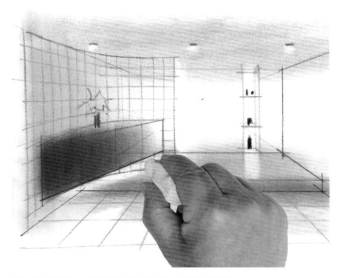

㉗ 用可塑橡皮表现玄关柜下方的间接照明

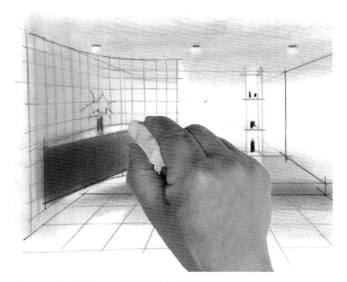

㉘ 用可塑橡皮加亮玄关柜的上表面

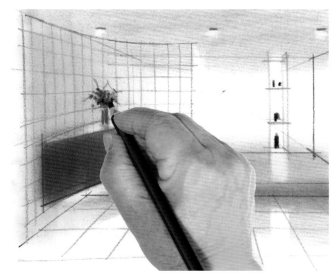

㉙ 用绿色彩铅涂抹绿植的叶子部分

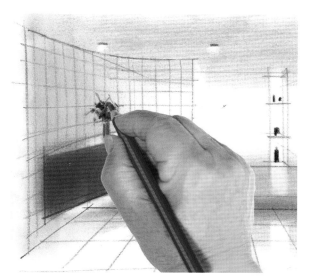

㉚ 用红色彩铅涂抹绿植上方的花

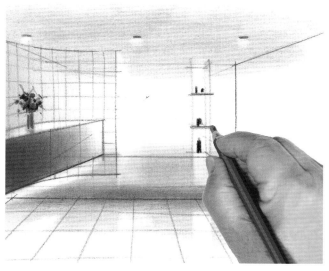

㉛ 用绿色彩铅涂抹装饰柜面板横截面

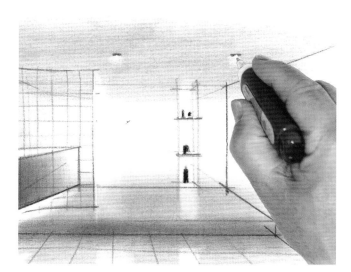

㉜ 用修正液表现筒灯光源、花朵上方、玄关柜的间接照明，完成快速表现

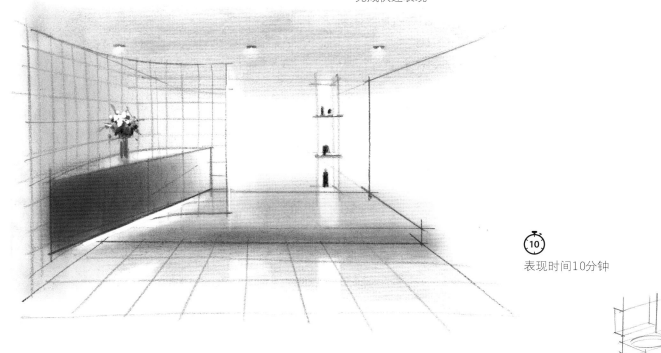

表现时间10分钟

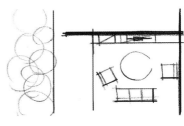

⑧ 8分钟快速表现：在竹林旁开瓶啤酒

有着巨大窗户和弧形天棚的客厅空间。本案例使用一点透视进行快速表现。从左侧的窗户可以看见竹林，橱柜左右非对称布置。

客厅平面图

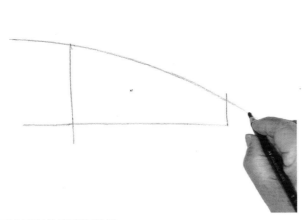

① 画出正面的墙壁和天棚

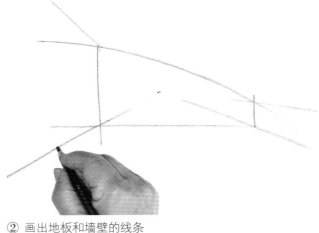

② 画出地板和墙壁的线条

110

第5章　快速表现方案设计展示

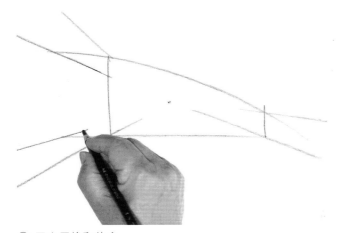

③ 画出屋檐和外廊

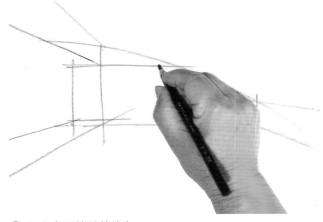

④ 画出房屋墙壁的线条

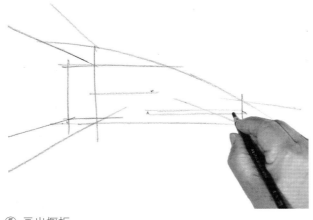

⑤ 画出橱柜

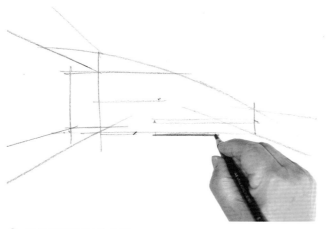

⑥ 安排橱柜家具的位置

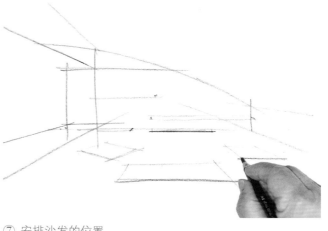

⑦ 安排沙发的位置

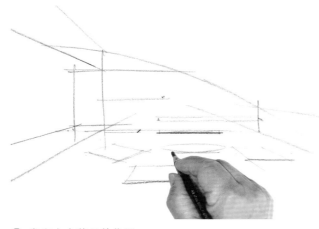

⑧ 定出中央茶几的位置

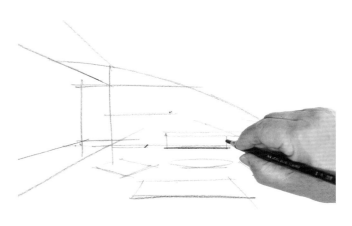

⑨ 画出电视柜的收纳部分

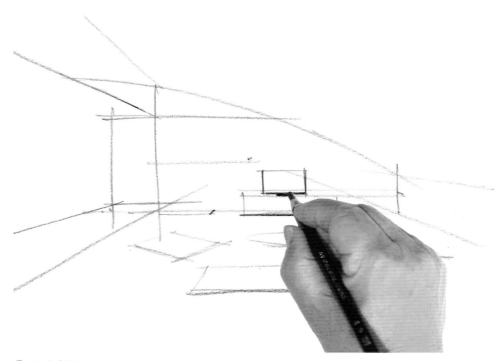

⑩ 画出电视

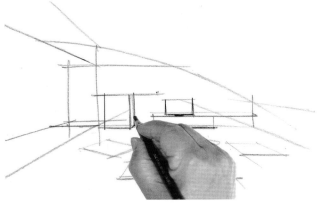

⑪ 画出另外一个橱柜

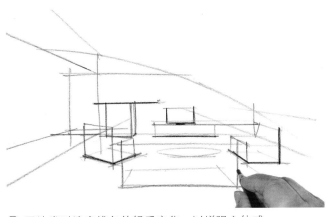

⑫ 画沙发时注意线条的轻重变化，以增强立体感

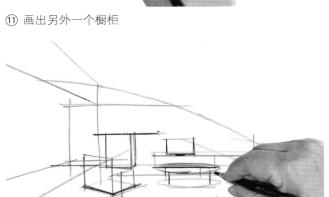

⑬ 画出中央的茶几

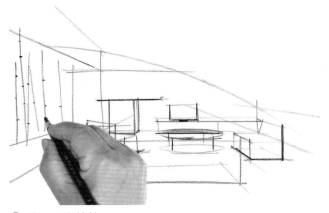

⑭ 简要画出竹林

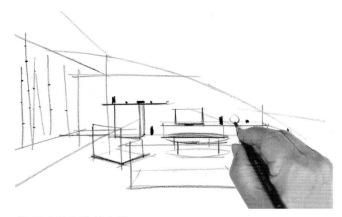

⑮ 画出陈列物等小品

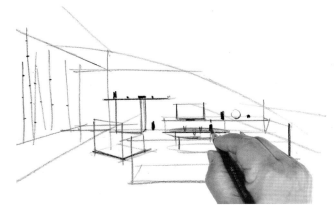

⑯ 画出餐食

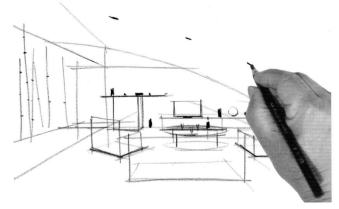

⑰ 注意画面整体的平衡，并画出筒灯

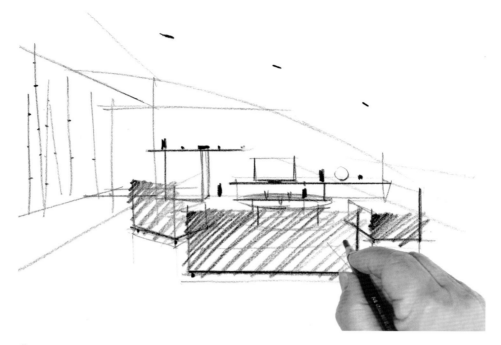

⏱④ ⑱ 画出沙发的阴影，完成线稿（约4分钟）

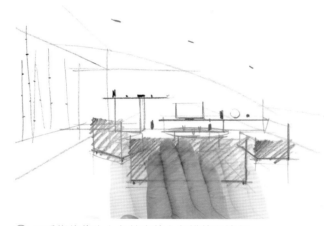

⑲ 用手指将作为上色基底的白色蜡笔印抹匀

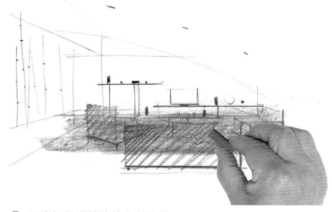

⑳ 用暗灰色蜡笔涂抹全部地板

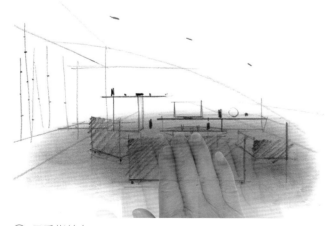

㉑ 用手指抹匀

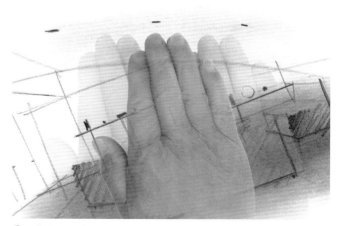

㉒ 弧形天棚先用暗灰色蜡笔涂抹，再用手指抹匀

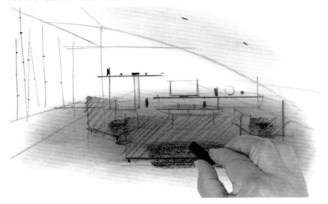

㉓ 用黑色蜡笔涂抹阴影

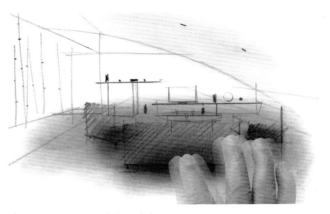

㉔ 用手指将黑色蜡笔印抹匀

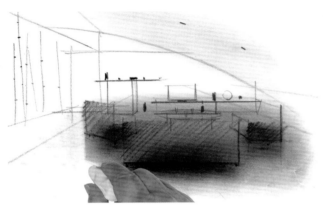

㉕ 用可塑橡皮擦去窗口的蜡笔印

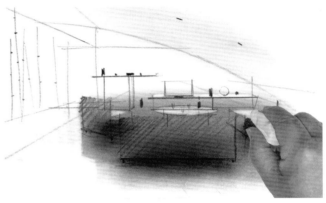

㉖ 用可塑橡皮擦拭沙发座面和中央茶几的上表面，进行加亮

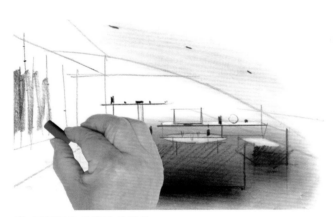

㉗ 用深绿色蜡笔涂抹竹林

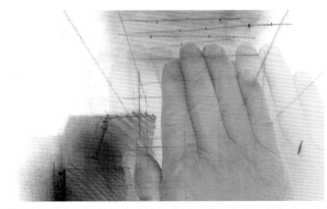

㉘ 将纸张方向改为纵向（竹林在画面的上方），抹匀竹林上的蜡笔印

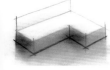

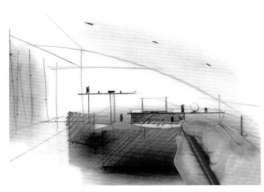

㉙ 将纸重新放正，用红色彩铅涂抹橱柜

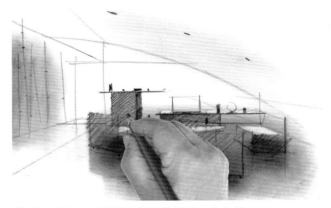

㉚ 改变颜色，用深蓝色彩铅涂抹另一个橱柜

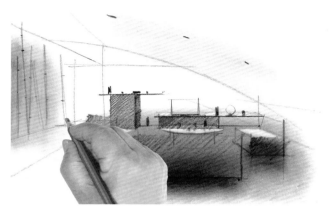

㉛ 用深绿色彩铅强调竹子

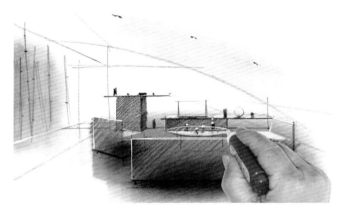

㉜ 用修正液点出筒灯光源

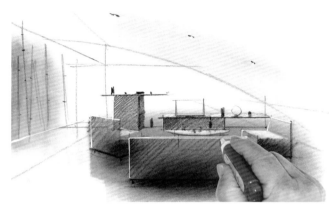

㉝ 用修正液描一遍沙发靠背等的边缘线

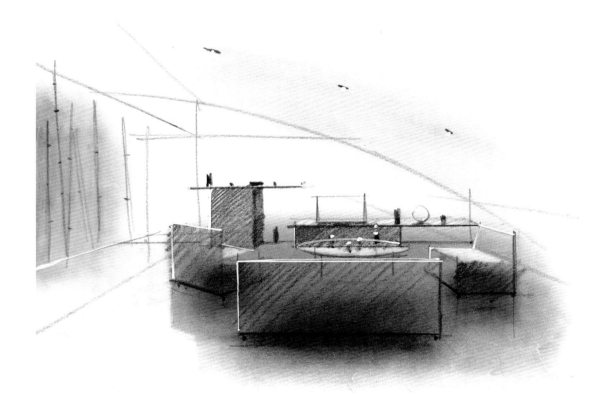

㉞ 用修正液补描茶几的边缘以及啤酒泡沫，完成

 表现时间8分钟

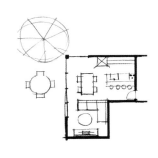

一室一厅平面图

⑩ 10分钟快速表现：
开敞的一室一厅空间

用一点透视来快速表现约36㎡大小的一室一厅空间。厨房带有吧台，庭院中放
一张圆桌，可以在树荫下吃个简餐。

为了让业主更加容易理解，本案例的快速表现将抬高视平线，保证各类家具不
重合在一起。

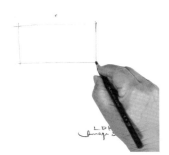

① 画出正面深处的墙壁

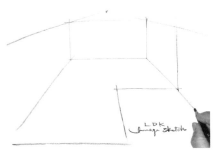

② 画出地板和墙壁的线条

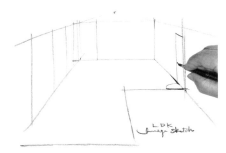

③ 加入门和窗

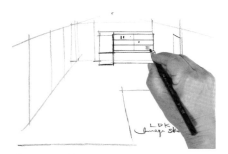

④ 画出冰箱和橱柜

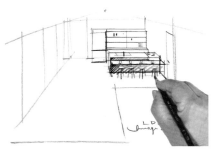

⑤ 画出厨房操作台和吧台，并添加阴影

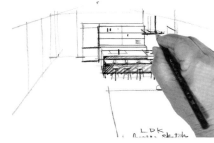

⑥ 画出吸油烟机

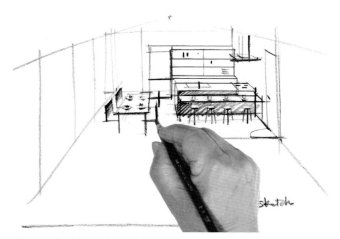

⑦ 画出餐桌椅组合（带有餐食）

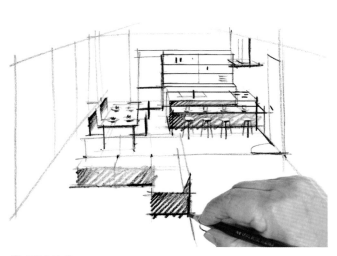

⑧ 画出沙发

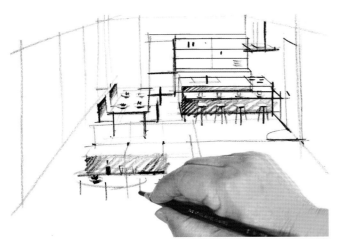

⑨ 画出中央的茶几

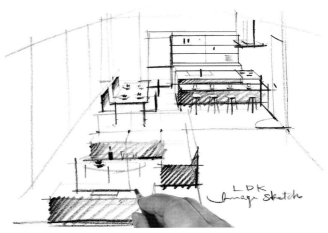

⑩ 画出电视柜

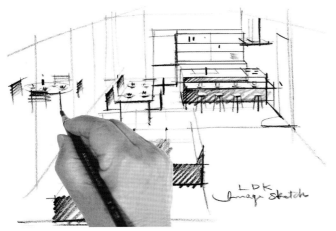

⑪ 画出庭院的圆桌

⑫ 画出庭院的大树，线稿完成

⑥ ⑬ 表现时间6分钟

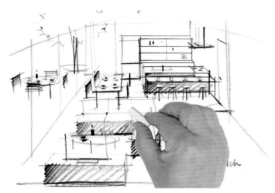

⑭ 用白色蜡笔涂抹打底

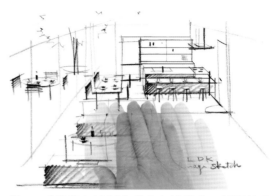

⑮ 用手指抹匀地板上的白色蜡笔印。面积较大时，可以用整只胳膊带动手掌手指运动，这样可以更加轻松地抹匀

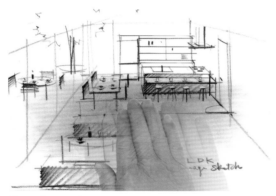

⑯ 用茶色蜡笔为地板上色，并用手指抹匀

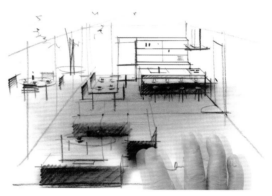

⑰ 用黑色蜡笔涂抹阴影后再用手指抹匀

⑱ 用可塑橡皮擦去落地窗映射部分的蜡笔印

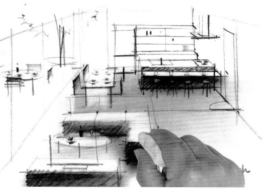

⑲ 用可塑橡皮加亮厨房操作台、吧台、沙发座面等

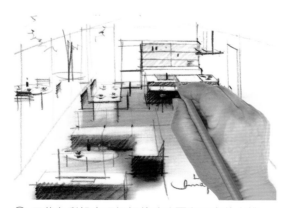

⑳ 用蓝色彩铅表现橱柜的玻璃面和厨房的水槽

第5章 快速表现方案设计展示

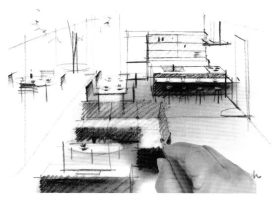

㉑ 用深蓝色彩铅给沙发上色

㉒ 用红色彩铅表现餐食

㉓ 用绿色彩铅表现茶几面板截面

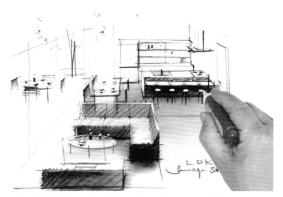

㉔ 用修正液表现想要加亮的部分，完成

⑩ 表现时间10分钟（院子里的树木上色后会喧宾夺主，所以特意保持线稿）

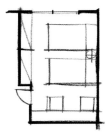

卧室空间平面图

⑤ 5分钟快速表现：带吧台的卧室

用两点透视来表现约20㎡大小的卧室空间。

吧台配合沙发，高度较低，同时占了房间一面横墙。感受一下坐在吧台边品尝醇厚的红酒，度过愉悦的一刻。

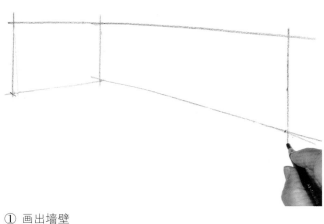

① 画出墙壁

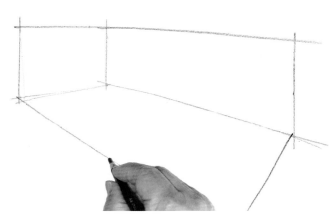

② 画出近处橱柜的线条

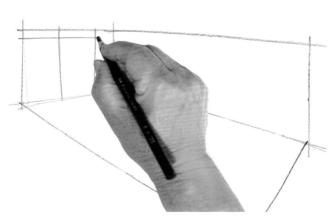

③ 画出落地窗

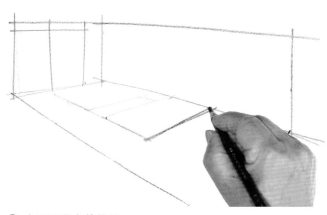

④ 定出两张床的位置

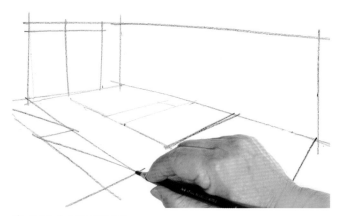

⑤ 画出衣柜的平面图

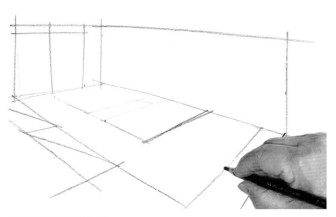

⑥ 安排吧台的位置

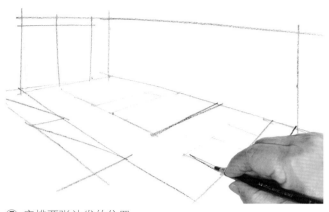

⑦ 安排两张沙发的位置

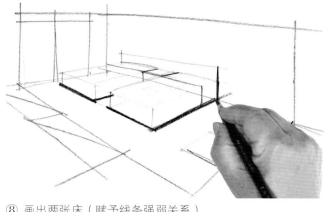

⑧ 画出两张床（赋予线条强弱关系）

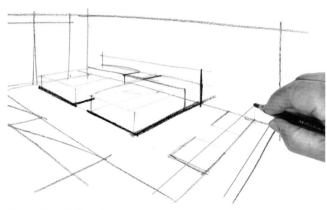

⑨ 画出近处的吧台

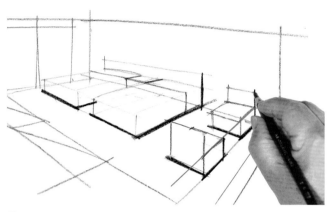

⑩ 画出两张沙发（赋予线条强弱关系）

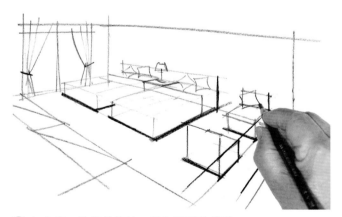

⑪ 加入床、沙发的抱枕，添加照明的描绘

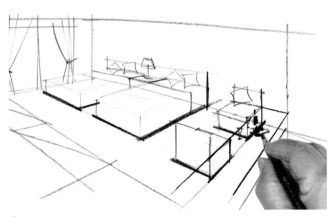

⑫ 在吧台上加入餐食

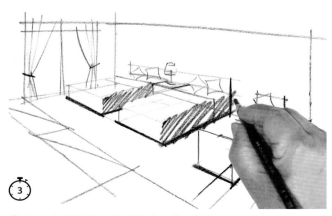

③

⑬ 加入床的阴影，完成线稿。约3分钟

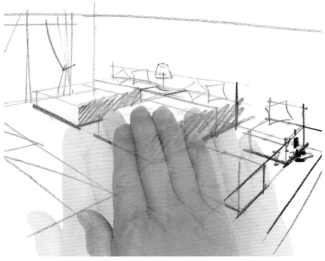

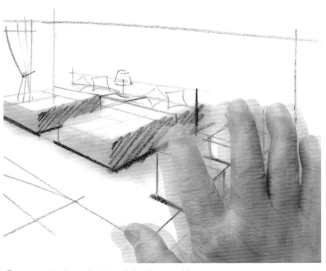

⑭ 为之后的蜡笔上色打底。使用白色蜡笔涂抹并用手指抹匀

⑮ 用手指抹开卷纸拉线铅笔（三菱Dermatograph No.7600）画出的排线，形成柔和的阴影

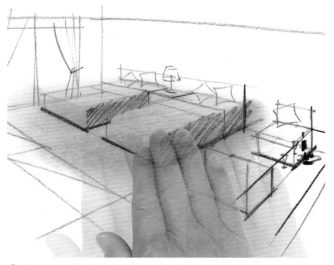

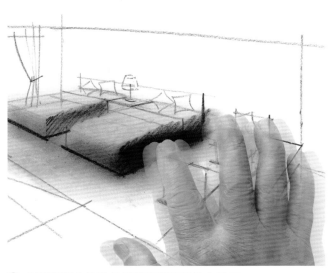

⑯ 把地板上的茶色蜡笔印用手指整体抹开

⑰ 将阴影部分的黑色蜡笔印用手指涂匀抹开

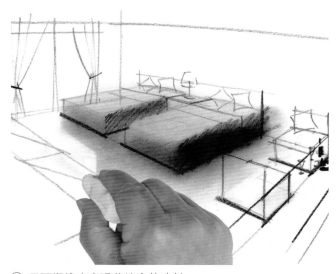

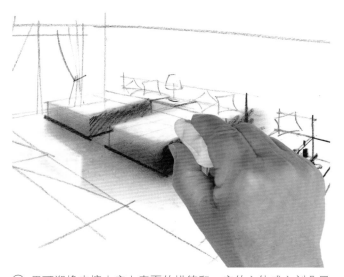

⑱ 用可塑橡皮表现落地窗的映射

⑲ 用可塑橡皮擦去床上表面的蜡笔印，床的立体感立刻凸显出来

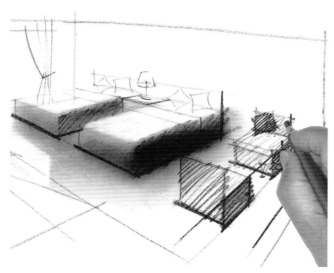

⑳ 用蓝色彩铅为沙发上色

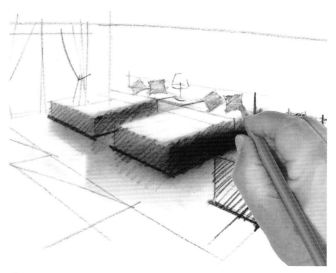

㉑ 枕头旁的抱枕使用咖啡色彩铅上色，吧台的餐食使用红色和黄色彩铅上色

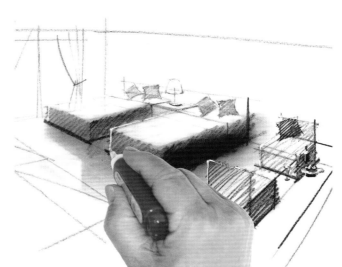

㉒ 想要加亮的部分用修正液表现

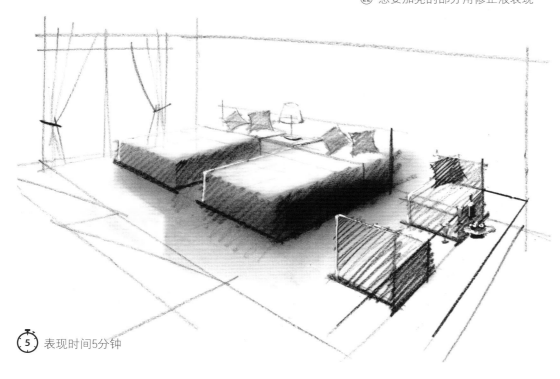

⑤ 表现时间5分钟

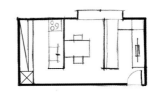

一室一厅空间平面图

⑦ 7分钟快速表现：长辈们惬意的生活空间

用两点透视来表现约26㎡大小的一室一厅空间。这是一处闲适于安享时光的空间设计，同时对沙发和电视柜做了一体化处理。

本案例并不是针对家具的方案设计，而是对空间整体使用方式的思考。

这样的快速表现可以作为方案选择的重要参考材料。

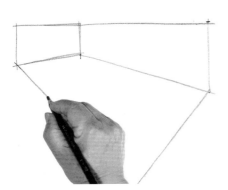

① 画出墙壁和地板的线条

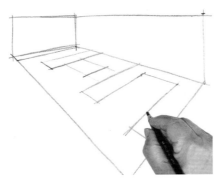

② 参考平面图安排设备和家具的位置

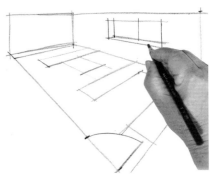

③ 画出飘窗

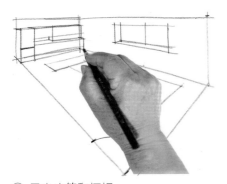

④ 画出冰箱和橱柜

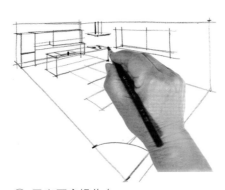

⑤ 画出厨房操作台

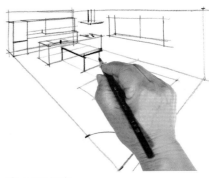

⑥ 画出餐桌

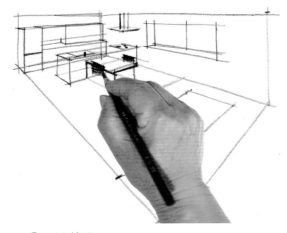

⑦ 画出椅子

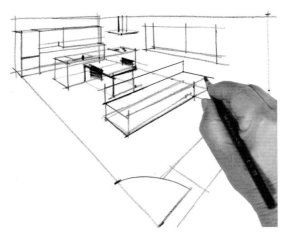

⑧ 画出沙发

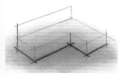

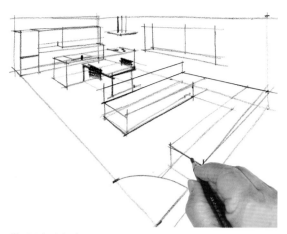

⑨ 画出电视柜

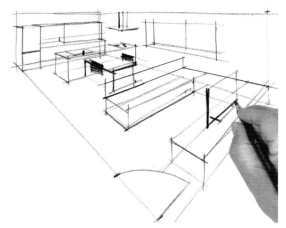

⑩ 画出电视

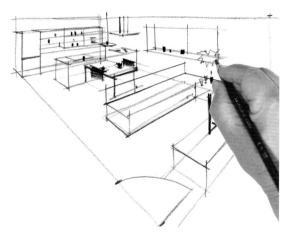

⑪ 加入对餐具、餐食、绿植的描绘

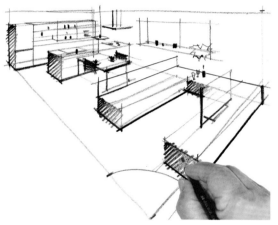

⑫ 飘窗在画面的右侧,所以在家具的左侧加入阴影

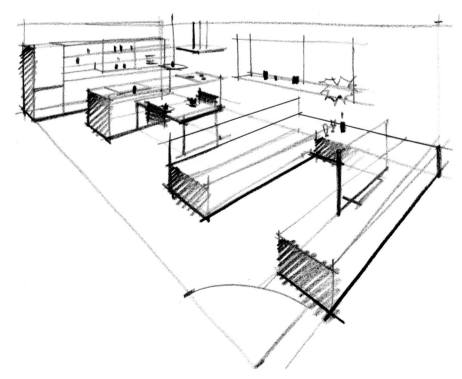

 ⑬ 完成线稿。约4分钟

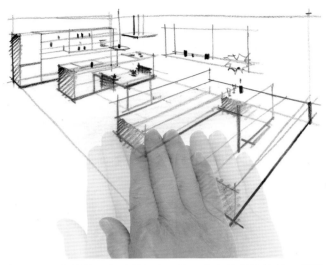

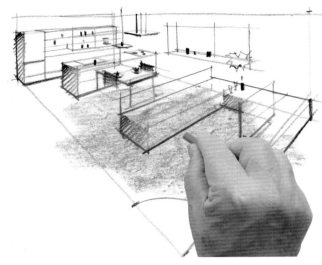

⑭ 为之后的蜡笔上色过程打底。使用白色蜡笔涂抹并用手指抹匀

⑮ 用茶色蜡笔涂抹地板

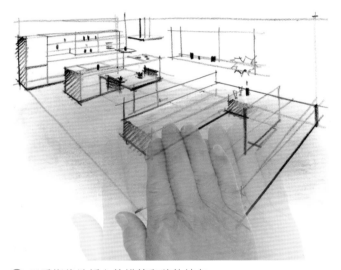

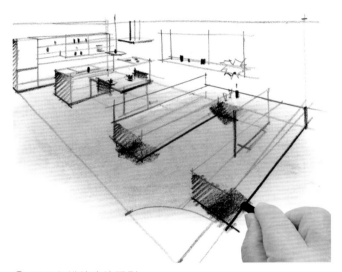

⑯ 用手指将地板上的蜡笔印整体抹匀

⑰ 用黑色蜡笔涂抹阴影

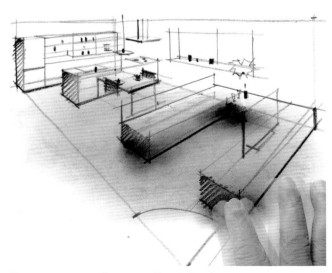

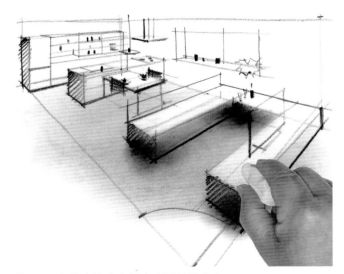

⑱ 用手指将阴影抹匀。阴影得到进一步强调

⑲ 用可塑橡皮擦除家具上表面的蜡笔印

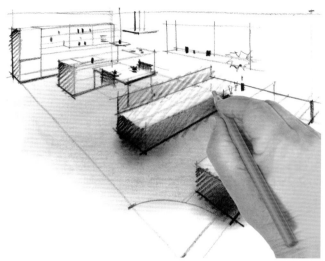

⑳ 用咖啡色彩铅涂抹沙发，同时大约45°排线

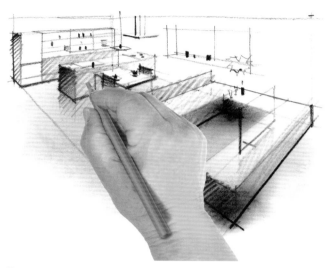

㉑ 以同样的角度继续涂抹橱柜和厨房操作台

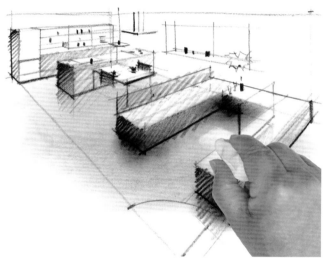

㉒ 用可塑橡皮表现飘窗在地板上的映射

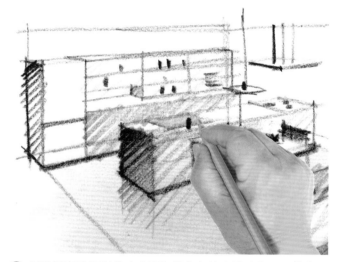

㉓ 用彩铅表现橱柜的玻璃面和操作台的水槽（约45°排线）

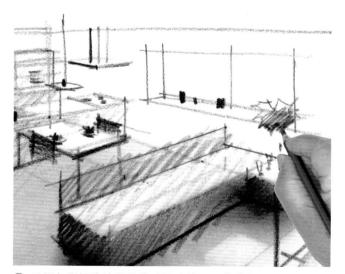

㉔ 用绿色彩铅涂抹绿植的叶子（约45°的线条）

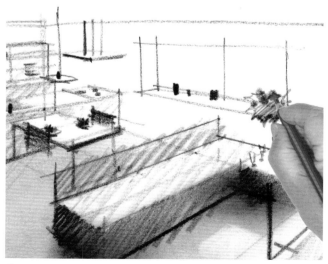

㉕ 用红色彩铅表现花朵

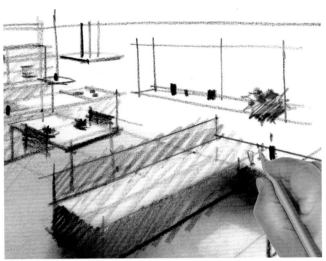

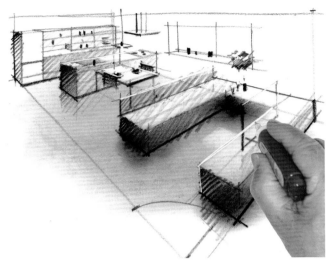

㉖ 用黄色彩铅涂画啤酒杯

㉗ 用修正液描画想要加亮的部分

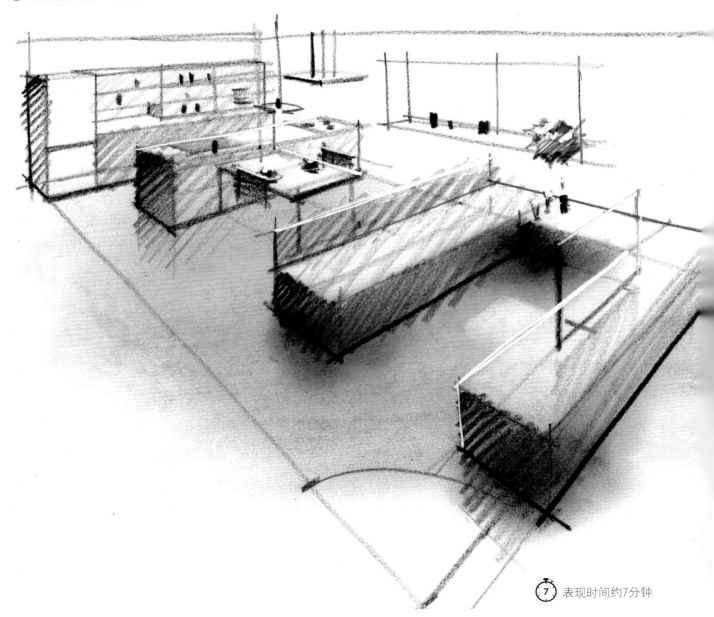

⑦ 表现时间约7分钟

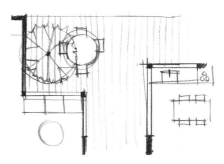

⑤ 5分钟快速表现：
海景房

本案例为面朝大海的住宅，使用了两点透视来进行表现。

这同样是一处安享时光的空间设计。不仅可以在室外露台欣赏海景，还可以在客厅休息、做饭及用餐时随时眺望大海，该案例表现的是具有较强的通透性和开放感的设计方案。

参考平面图

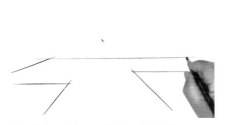

① 参考平面图，大致画出地板

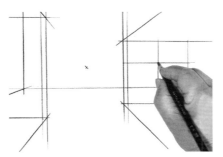

② 在画出墙面的同时加入对窗户的描绘

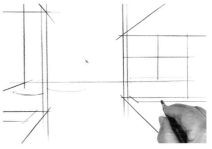

③ 安排室外露台上的桌子、室内沙发和厨房的位置

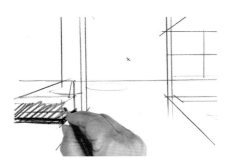

④ 画出完整立体的沙发

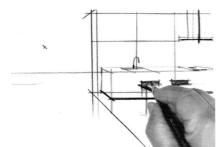

⑤ 画出厨房和餐桌椅组合

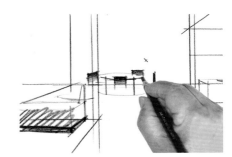

⑥ 画出室外露台的桌子和椅子

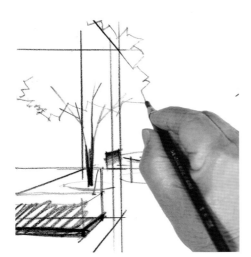

⑦ 画出景观树

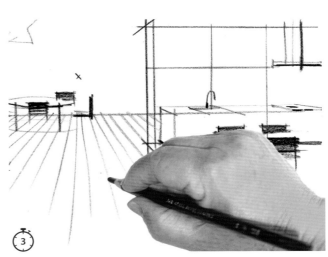

⑧ 用快线表现室外露台的木地板。完成线稿（约3分钟）

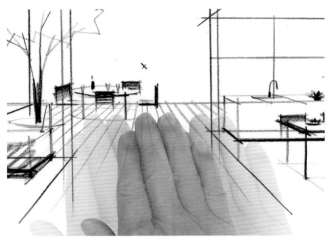

⑨ 使用白色蜡笔为之后的蜡笔上色打底

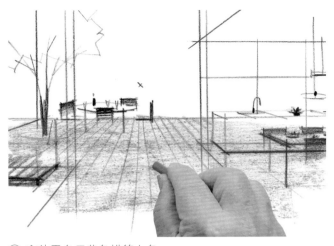

⑩ 室外露台用黄色蜡笔上色

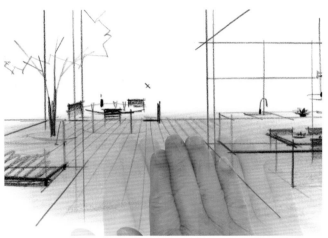

⑪ 用手指抹匀

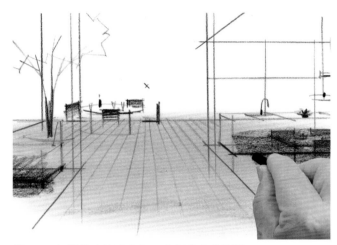

⑫ 用黑色蜡笔涂抹沙发和厨房操作台的阴影

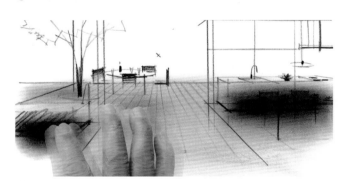

⑬ 用手指将阴影抹匀至没有色斑

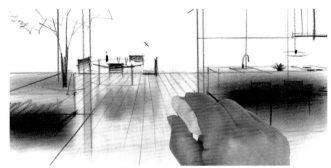

⑭ 用可塑橡皮擦去室外露台上多余的蜡笔印，仅仅留下圆桌在露台上的映射

⑮ 用可塑橡皮擦去厨房操作台上表面、沙发座面的蜡笔印，进而进行加亮

⑯ 海平面简略表示。用彩铅一气呵成地拉出线条即可，也可以用尺规画出

⑰ 为餐食等小品上色

⑱ 用修正液描绘细节，完成

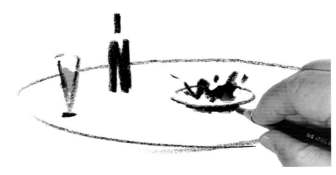

小技巧：

啤酒瓶子可以用英文字母的"I"和"M"表示，同时使用较粗的笔触。啤酒用黄色彩铅表现，泡泡用修正液描绘。餐食的表现首先用较轻的笔触画出餐盘（椭圆），再在盘子下方加入阴影。盘中食物使用较重的笔触画出，用红色彩铅上色。最后用修正液进行加亮，完成。

 重点是进行简练的表现。表现时间约5分钟

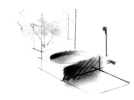

⑤ 5分钟快速表现：有景观树的家

透过宽大的落地窗，业主可以看到自家院子里的景观树。虽然树是一个亮点，但对设计师来说更重要的还是对客厅空间的描绘。室内空间刻画完成之后我们再对景观树进行表现。树木的表现方法、上色等都在p.142进行了详细的描述，可以对照参考。

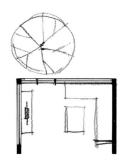

客厅平面图

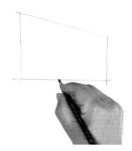

① 画出正面深处的墙壁

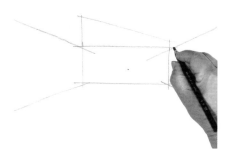

② 画出地板、墙壁的线条

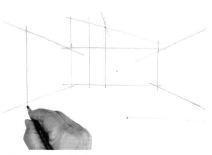

③ 加入窗户的线条

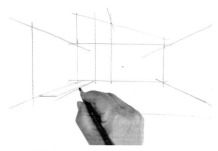

④ 安排电视柜的位置

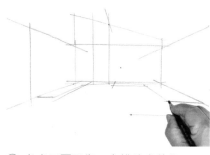

⑤ 考虑画面平衡，安排沙发的位置

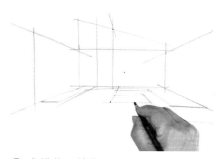

⑥ 安排茶几的位置

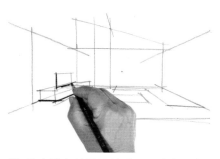

⑦ 注意线条的强弱关系，画出电视柜

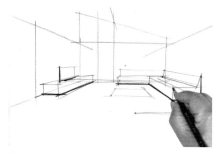

⑧ 注意线条的强弱关系，画出沙发

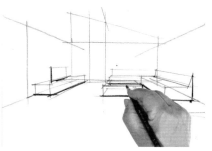

⑨ 画出茶几

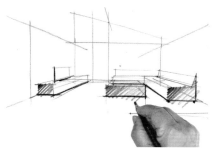

⑩ 画出家具的阴影

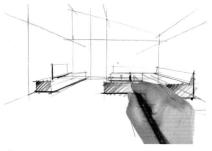

⑪ 在茶几上加入对餐食的描绘

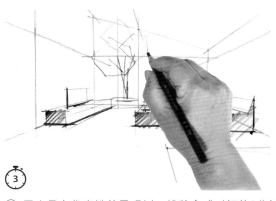

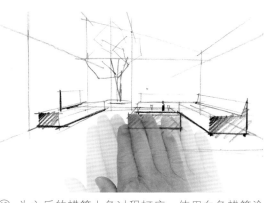

⑫ 画出具有代表性的景观树。线稿完成时间约3分钟

⑬ 为之后的蜡笔上色过程打底。使用白色蜡笔涂抹，并用手指抹匀

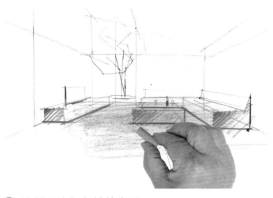

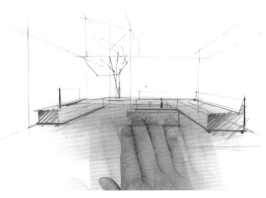

⑭ 地板用暗灰色蜡笔表现

⑮ 用手指将地板上的蜡笔印整体抹匀

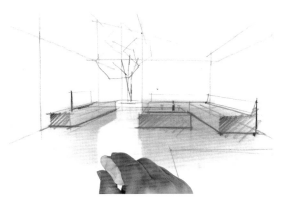

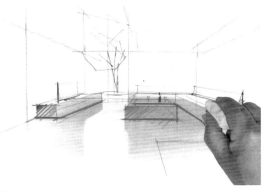

⑯ 用可塑橡皮表现窗户的映射

⑰ 用可塑橡皮加亮沙发的座面

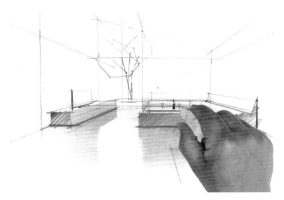

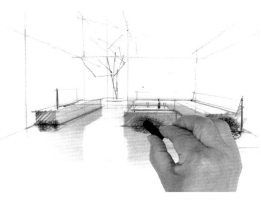

⑱ 用可塑橡皮加亮茶几上表面

⑲ 用黑色蜡笔涂画阴影

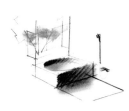

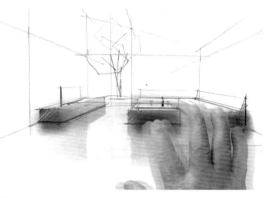

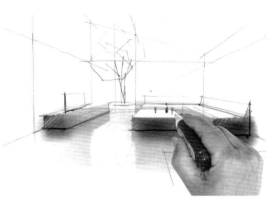

⑳ 用手指将阴影抹匀

㉑ 用修正液画出啤酒泡沫等，完成

第5章
快速表现方案设计展示

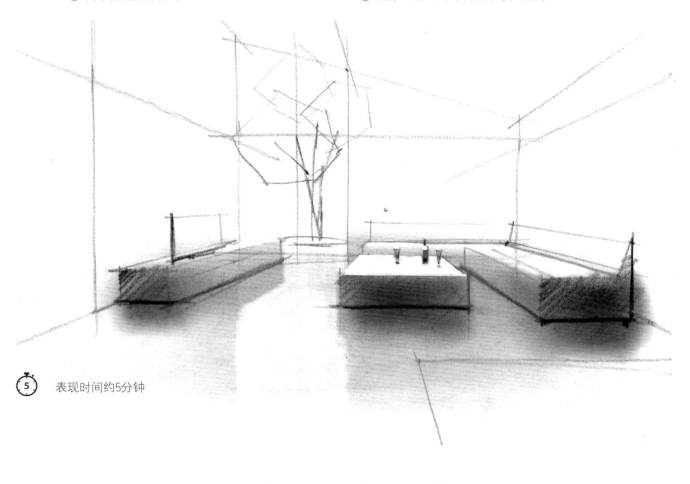

⑤ 表现时间约5分钟

稍微花点儿时间加入
了景观树的表现作为
参考，约30秒钟

联想发散的小品

本章将介绍人物、宠物、树木、绿植盆栽等的快速表现方法，进一步引导并增强业主对室内空间生活情景的联想。

加入树木的四季变化可以让画面更具吸引力。

人物描绘1

在室内空间快速表现中即使省去人物描绘也可以在一定程度上传达出设计师对空间的意向。

在这里我们尝试加入人物描绘来引导业主拓展对空间的想象，例如围坐餐桌旁畅所欲言轻松快乐的氛围、亲朋好友聚在一起安闲自在的心境等，加入人物描绘可以使业主更容易理解所描绘的场景。

但是，在快速表现中我们需要省略人物表情等细节，简略描绘即可。

一室一厅空间中愉快的聚会时光（3分钟）

边喝红酒边聊天

左侧开始依次是男性、女性、小孩

在桌边休息的人

亲密地交谈

亲子

在沙发上休息的夫妇

家人围坐沙发欢聚一堂

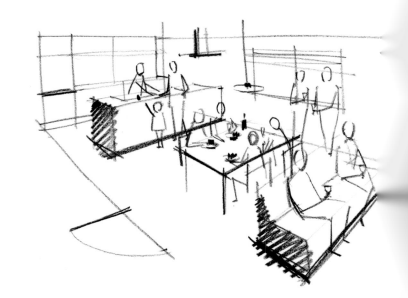

一家人其乐融融共进晚餐

一家人开开心心地吃饭

亲朋好友聚在一起开Party的场景

下面介绍在一室一厅空间快速表现中加入人物描绘。

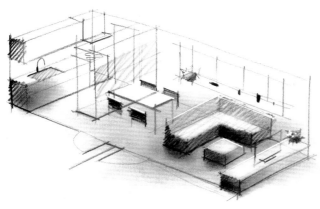

① 画出约26㎡的一室一厅空间（约6分钟）

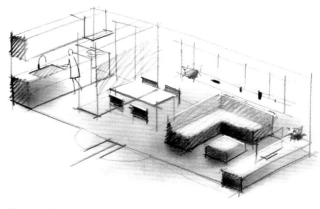

② 在厨房中画出女性（约10秒钟）

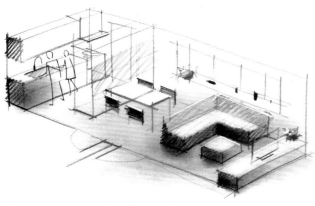

③ 在厨房中画出男性（约10秒钟）

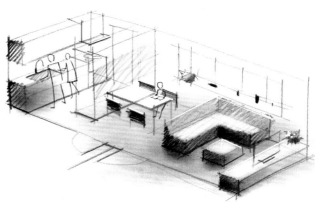

④ 在餐厅中画出小孩，并考虑画面的平衡（约10秒钟）

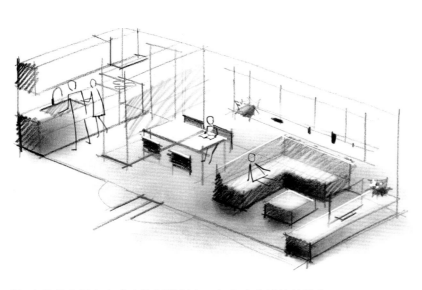

⑤ 在沙发上画出小孩（约10秒钟）。加入人物描绘使整个画面的特点更为鲜明，给人留下更深刻的印象

在厨房餐厅聊天的一家人

在客厅里聊天的一家人

人物描绘2

这一节主要练习女性、男性、小孩的描绘方法。在快速表现中人物描绘需要尽可能地简化。
描绘时需要省略头发、表情等细节，同时衣服也需要简化表现。通过练习，应尽量在10秒钟内完成人物描绘。
在快速表现的人物描绘中主要通过对手的位置和动作、姿势的区别等进行描绘来表现不同的人物。

■ 描绘女性

女性的站姿

大约七头身的比例

女性的姿势

在厨房中做饭的姿势

炒菜时的姿势

晾晒衣物时的姿势

① 画出头部

② 画出身体部分的第一条线

③ 画出身体部分的第二条线

④ 画出一条腿

⑤ 画出第二条腿

⑥ 画出右手

⑦ 画出左手，完成

椅子上的坐姿

沙发上的坐姿

在厨房中做饭的姿势

■ 描绘男性

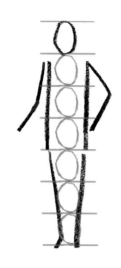

男性的站姿　　　　大约七头身的比例

■ 描绘小孩

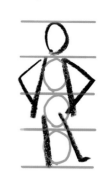

取上方物品的男性　　小男孩的姿势　　描绘小男孩时需要根据大体年龄进行判断，通常是四头身左右

打招呼的小女孩　　小女孩的姿势　　坐在沙发上的小女孩

人和轮椅。轮椅用彩铅进行描绘

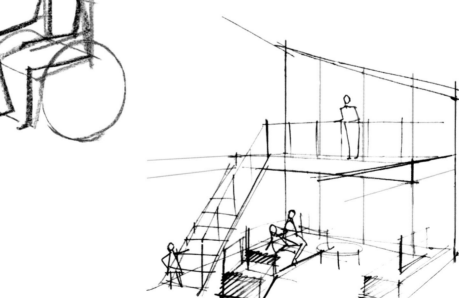

跃层空间中家人之间的闲聊（约3分钟）

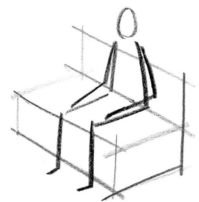

沙发上坐着的人

宠物描绘

宠物在快速表现中发挥了重要的作用。例如，对于喜欢猫的人来说，猫仅仅是卧在沙发上就可以给人留下安稳惬意的印象。

本节列举了猫咪和狗的快速表现方法。和人物的快速表现相同，稍加练习即可在10秒钟内完成表现。

■ 猫咪的描绘

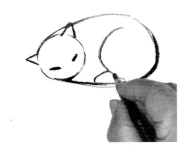

猫咪睡姿的描绘

舒舒服服睡在沙发上的猫咪（约30秒钟）

① 画出一个椭圆形（躯体）

② 画出一个圆形（头部）

③ 在另一侧画出一个略大于头部的圆形（大腿）

④ 在头部斜向加入对耳朵的描绘

⑤ 画出猫的小腿、爪子

⑥ 画出眼睛，完成

用一个椭圆形和两个圆形可以完成对小猫的描绘。

① 小猫的睡姿

② 约两头身的比例

■ 狗的描绘

狗的品种有很多，在这里我们选择比较容易描绘的品种进行快速表现。

和小孩嬉戏的狗（约40秒钟）

卧着的狗（约20秒钟）

① 画出一个椭圆形（躯体）

② 画出一侧头部的线条

③ 画出另一侧头部的线条

④ 画出狗狗脸部的轮廓

⑤ 画出头部

⑥ 用圆圈代表狗狗的大腿部

⑦ 画出狗狗的小腿、爪子

⑧ 画出耳朵

⑨ 画出眼睛和鼻子，完成

相信仅看到小狗可爱的睡姿，即使不是爱狗人士，内心也会被征服。

① 小狗的睡姿

② 约两头身的比例

树木描绘

在快速表现中加入自然元素，可以在表现出更加惬意氛围的同时增强空间的进深感。

树木为自然生长而成，因此树木的外形各不相同。

本节主要介绍简化表现树木形状的技巧，并通过上色的方法表现季节更替。

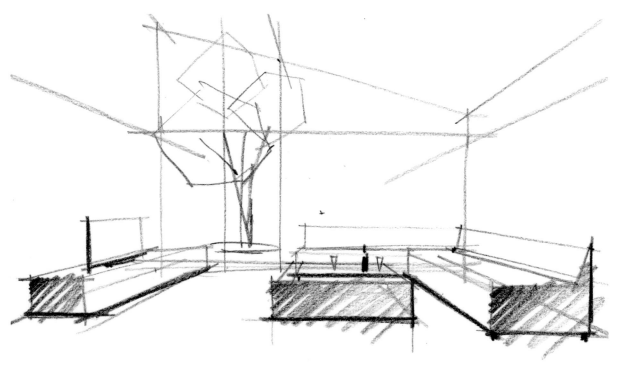

以p.132的有景观树的家中的景观树为例，说明简化表现树木的方法和上色技巧。

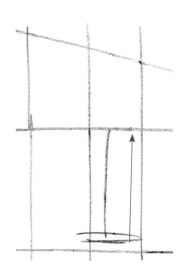

① 画出一个椭圆决定景观树的位置，然后向上引出线条

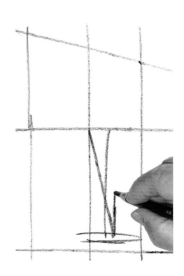

② 尽量使用比较随意的线条表现树干

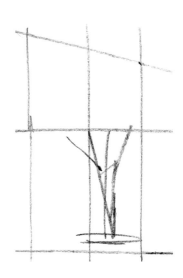

③ 画出树干和树枝

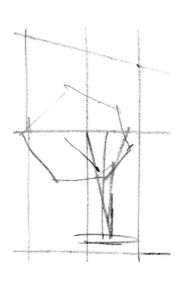 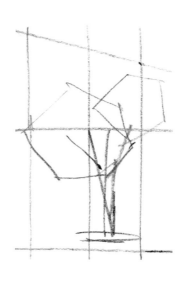 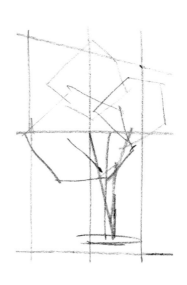

④ 在这个案例中将树冠（枝叶的部分）分成三大块来进行描绘。首先画出最大的一块

⑤ 接下来画出稍小的一块

⑥ 最后画出最上面的一块，完成线稿（约20秒钟）

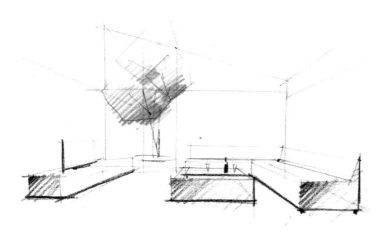

用彩铅上色时，同样分成3块，并有层次地排线进行表现（彩铅上色，约30秒钟）

深绿色的彩铅

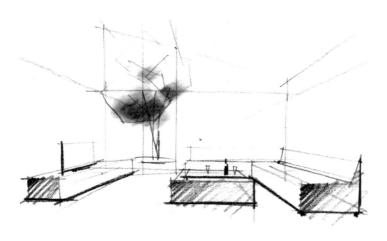

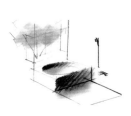

蜡笔上色时，用蜡笔直接在纸上涂画，并用手指将颜色抹匀（蜡笔上色，约30秒钟）

深绿色的蜡笔

树冠的表现比较费时，但这里仅是快速表现，所以需要尽量在30秒钟内完成描绘。下面的表现方法可能稍稍有些难度，需要我们多加练习，才能掌握。

以p.132的有景观树的家中的景观树为例进行描绘，树冠（枝叶的部分）。

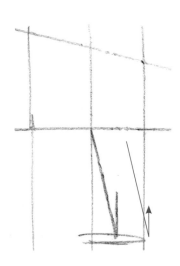

① 画一个椭圆决定景观树的位置，开始描画树干

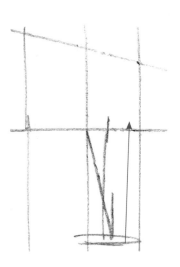

② 画出一根树干的线条

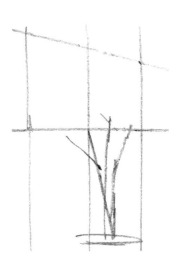

③ 加入数根树枝，完成对树干和树枝的描绘

④ 开始描绘树冠

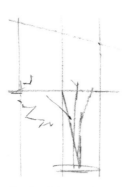

⑤ 粗略想象树冠的形象，并进行描绘

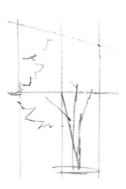

⑥ 如果线条过于完整，在快速表现中会显得不自然，所以这里主要使用抖线进行表现，并偶尔断开线条

⑦ 注意线条的轻重变化，完成对树冠的描绘（约30秒钟）

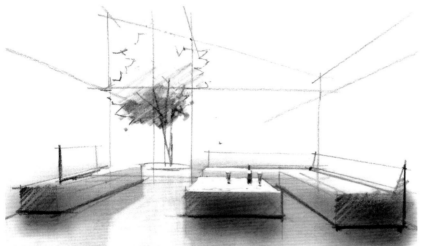

用彩铅上色时，注意轻重明暗变化进行表现。要点是不要将树冠涂满（彩铅上色，约20秒钟）

深绿色的彩铅

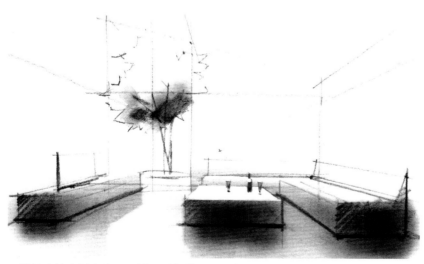

用蜡笔直接在纸上涂画，并用手指抹开。要点是不要将树冠涂满（蜡笔上色，约20秒钟）

深绿色的蜡笔

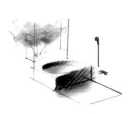

练习树木的上色以及四季表现

虽然在春天开花的樱花树给人以很强的"春"的印象,但是樱花树也可以
用来表现四季的变化。

随着季节的更替,树冠的形状、颜色都会发生变化。

通过不同绘画工具对樱花树进行描绘所表现出的四季交替颇具趣味。

使用白色、红色、黄色、深绿色彩铅演绎四季变化。

■ 用彩铅表现四季

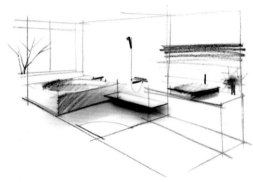

① 从浴室飘窗看到的樱花树表现出四季变化。
冬季时仅画出树叶落尽后的树干,不用上色

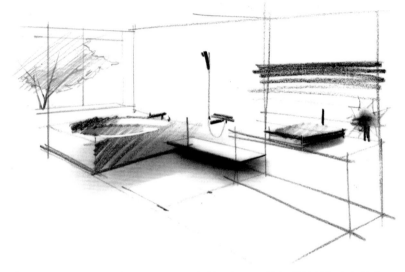

② 表现春天的樱花树时主要使用红色的彩铅。用较轻的笔触扫出细线条,之后再用白色彩铅以较大的力度进行覆盖涂抹,这样便会逐渐变成樱花粉色

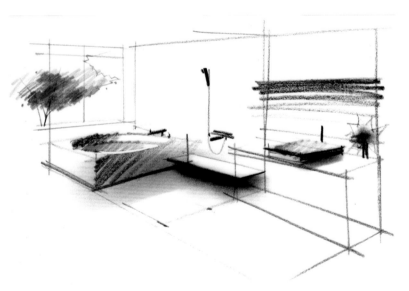

③ 表现夏天的樱花树时使用深绿色的彩铅调节落笔力度进行上色

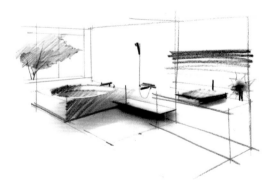

④ 秋天时樱花树的红叶在四季表现中最为精彩华丽。首先用黄色彩铅涂画,再用红色彩铅进行调节,完成表现

第6章 联想发散的小品

使用白色、红色、黄色、深绿色蜡笔演绎四季的变化。

■ 用蜡笔表现四季

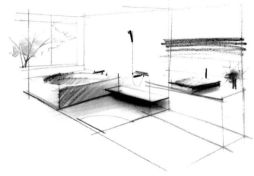

① 通过对浴室飘窗外景观树的上色来表现四季的变化。表现春天的樱花树时，首先涂上白色的蜡笔，然后重叠少许（非常少）的红色，最后用手指稍稍抹开，完成上色表现

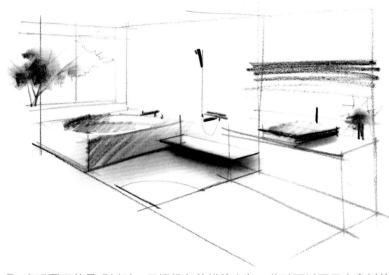

② 表现夏天的景观树时，用深绿色的蜡笔上色，此时可以不用在意树的品种，只需对1/3的下方树冠进行上色（注意不要涂抹过重）即可

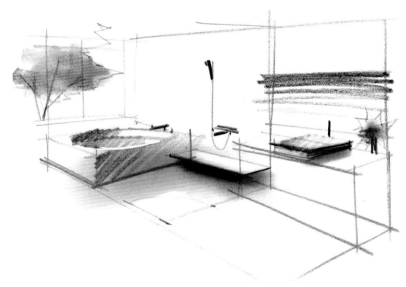

③ 表现秋天的景观树时，用黄色和红色的蜡笔上色。秋天的景观树，毋庸置疑是枫树。表现时首先用黄色蜡笔涂抹，然后用较重的落笔力度涂上红色

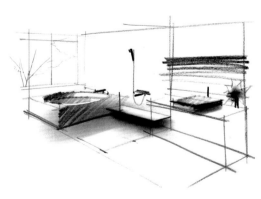

④ 表现冬天的景观树时，只需要用线稿刻画树干，树枝无须上色

表现不同空间多样的季节感受

本节介绍快速表现中的季节表现。树木等元素的加入可以使画面更具吸引力。在纷繁的城市生活中可以亲近享受自然的机会是非常宝贵的。学习设备、家具等的表现方法和技巧固然重要，但也希望各位读者可以通过使用本书尝试练习树木的表现。

从玄关处可以看到屋外的樱花树。
用蜡笔上色（合计8分钟）

从开敞的窗口看到室外的平台楼梯以及樱花树

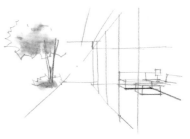

室外平台旁边的景观树。享受枝叶间洒下的日光和树下的阴凉。用修正液来表现洒下的日光（合计5分钟）

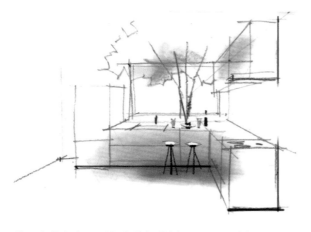

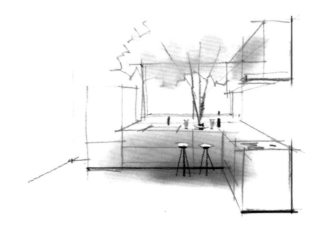

从厨房的窗户看到邻家的樱花树。上图分别表现了夏和春的季节感。右图中粉色的樱花树体现了春的味道

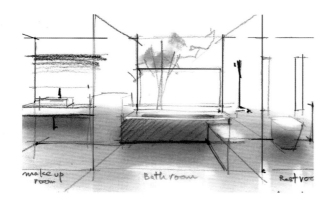

从浴室的窗户可以看到一棵景观树。似乎可以感觉到从枝叶间洒下的温和的日光

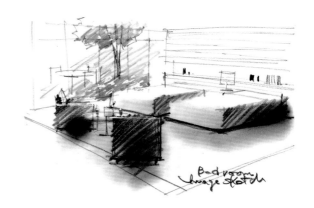

充盈着绿色风光的卧室外部空间。配合彩铅勾线的角度进行上色。似乎可以从画面中切身感受到和煦的日光和清风

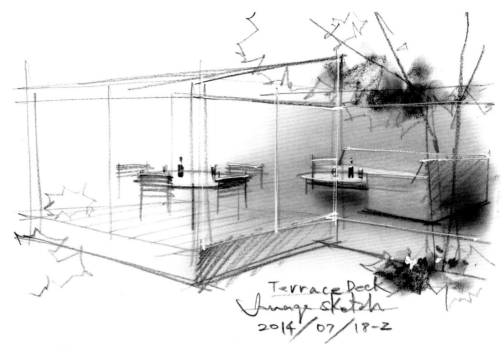

Terrace Deck
Image sketch
2014/07/18-2

有日光房的家。此案例为主视角在庭院的快速表现。过分注重室内细节描绘会影响空间的整体感受，这里简化的描绘也正是快速表现的魅力所在。使用蜡笔上色（合计约8分钟）

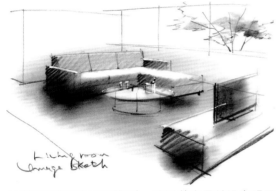

Living room
Image sketch

从客厅空间可以看到红叶。这里的家具并没有明显的色彩倾向，因此室外的红叶得以强调，给人以更加深刻的印象（合计约8分钟）

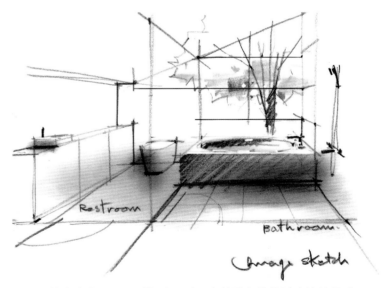

Restroom
Bathroom
Image sketch

从浴室的大窗户可以看到红叶。引入自然景色的设计有效地提升了卫生间的空间质量（合计约8分钟）

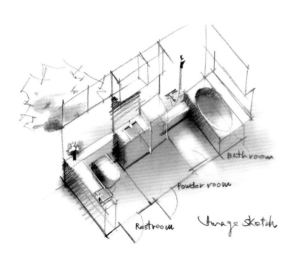

Bathroom
Powder room
Restroom
Image sketch

从浴室的大窗户可以看到红叶。引入自然景色的设计有效地提升了用水空间的空间质量（合计约8分钟）

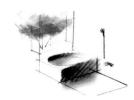

绿植盆栽描绘

在室内空间中通过绿植盆栽感受、亲近自然。具有绿植盆栽点缀的室内空间画面更为柔和、富有生活情趣，给人以安心感。

在快速表现中仅仅描绘设备和家具、结构构件等可能沦为空间的"说明书"。

绿植盆栽的加入可以使快速表现更具"温度"，充满人情味。

放置在客厅空间中的观叶植物，使用彩铅上色

■ 观叶植物的描绘

观叶植物的种类非常多，本书主要介绍3种。这一节练习将观叶植物自然地融入快速表现的画面中（约10秒钟）。

① 首先画出花盆

② 画出一条线

③ 一笔画出有节奏韵律的线条

④ 加入表示树枝的一笔，强调变化

⑤ 在观叶植物右侧中部同样画一笔，表示树枝

⑥ 在观叶植物左下方加入表示树枝最重的一笔，完成线稿（10秒钟）

用彩铅上色。注意用笔的轻重缓急

用蜡笔上色。注意区分抹开的地方和蜡笔原样涂抹的地方

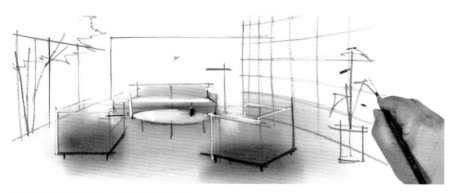

观叶植物的大叶片成为画面的亮点

由三角形构成的观叶植物（10秒钟）

由球形叶片构成的观叶植物（10秒钟）

餐厅、客厅空间飘窗上的装饰花草盆栽，用彩铅上色

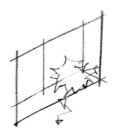

在飘窗上放置的花卉（盆栽）用轴测画法表现（20秒钟）

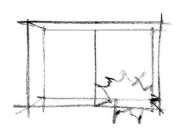

在飘窗上放置的花卉（盆栽）用一点透视表现（20秒钟）

■ 花卉的描绘

花朵的颜色非常丰富。但现场进行快速表现时应多使用红色和绿色两种颜色进行描绘

① 画出花和叶子的外轮廓

② 用绿色先薄薄地上一层

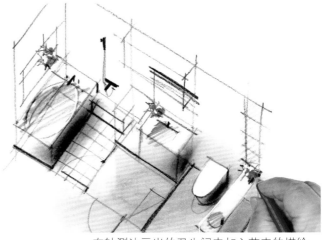

在轴测法画出的卫生间中加入花卉的描绘

③ 加重笔压进行叠涂

④ 描绘花朵时注意花朵的大小变化

⑤ 点上修正液，丰富花束的表现（40秒钟）

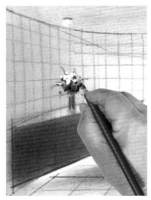

玄关柜上方的花瓶和花束上色的快速表现

花朵、花瓶加浓加深，花茎稍细（15秒钟）

① 花瓶加浓加深。自然地画出花儿和叶子的整体（15秒钟）

② 蜡笔上色，修正液点缀（合计30秒钟）

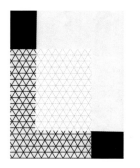

垂直线和左右30°线条的轴
测参考图。请垫在画纸下方
作为参考

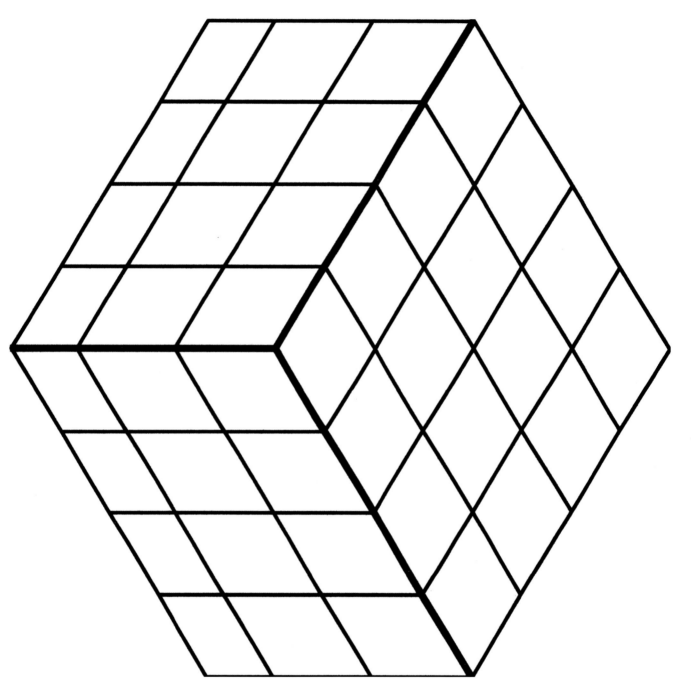

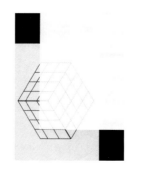

360cm×360cm×吊顶高度240cm

（约13㎡）的轴测参考图

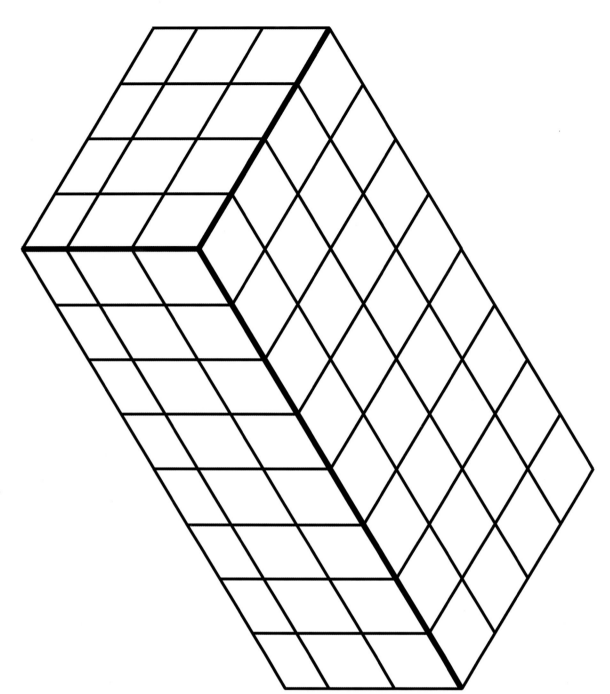

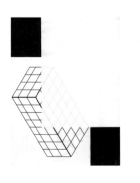

360cm×720cm×吊顶高度240cm
（约26㎡）的轴测测参考图

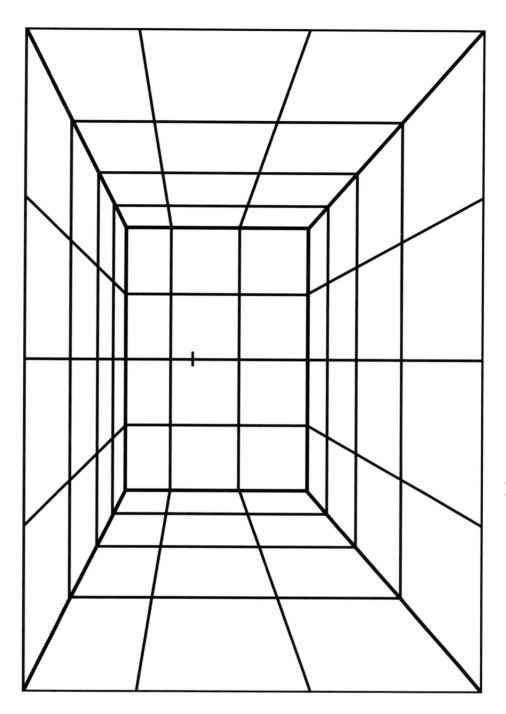

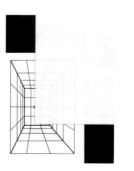

360cm×360cm×吊顶高度240cm（约13㎡）的一点透视参考图

附录

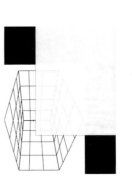

360cm×360cm×吊顶高度240cm
（约13㎡）的两点透视参考图

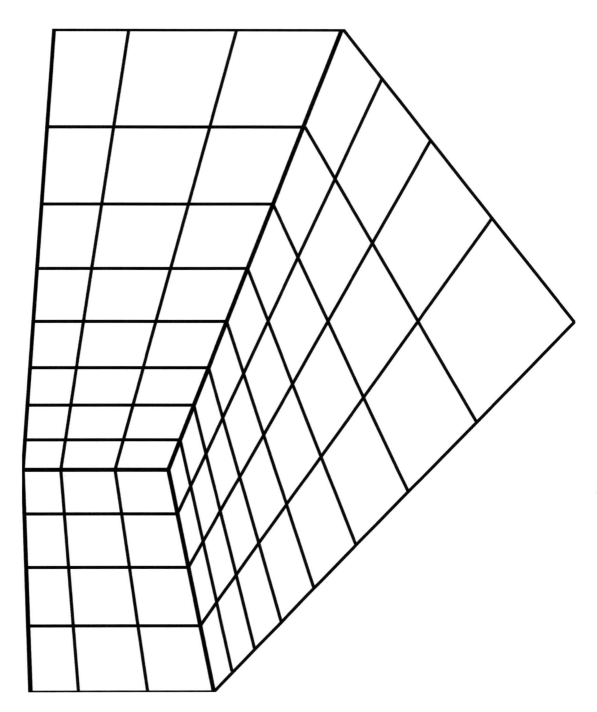

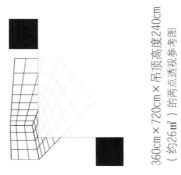

360cm×720cm×吊顶高度240cm
（约26㎡）的两点透视参考图

后记

1995 年，《室内设计快速表现技法》第 1 版出版。10 年后，笔者对第 1 版进行了扩充完善，《室内设计快速表现技法》第 2 版面世。2015 年，《室内设计快速表现技法》第 3 版付梓。快速表现如其字面意思，是设计师在短时间内进行的绘画表现。本书主要针对设计师在与业主沟通方案时如何通过快速的手绘表现，来清晰简洁地传达出设计意向，这一宗旨 20 年未曾改变。

如今电子计算机等数字技术高速发展，向业主介绍设计方案的方式也发生了很大变化。如今的室内透视效果图堪比真实照片，质量非常高，甚至可以在探讨设计方案的同时进行预算的制定和调整，这种便捷性在几十年以前是无法想象的。即使没有绘画基础的人也可以熟练驾驭电子计算机制图技术。除了效果图，当今社会已经进入了利用 3D 打印的建筑模型进行方案设计、展示的时代。在这种背景下，当然会存在诸如"为什么现在还要手绘？"这一类声音。在这个追求速度和效率的时代，使用计算机可以轻松完成的工作何必费时费力地用手绘去表现，存在这类声音也无可非议。笔者的大部分办公时间也都是和电脑一起度过的，但是在与业主交流方案时不会去使用电脑。虽然手绘比较费时，但手绘表现时的灵感迸发和快速表现过程能让笔者在交流中更加得心应手，快速表现过程中的体感速度是非常重要的。

在与业主交流过程中，快速表现的现场感非常棒，整个绘画过程都会呈现在业主眼前。在快速表现的过程中存在的问题和争议都可以随时提出并加以讨论。而计算机仅仅负责处理数据，无法看到画面的生成过程。因此，在业主面前进行快速表现的意义正在于此。笔者基于这一点（可视、易懂）完成了本书的编写。

最初，在进行快速表现的同时用秒表计时，并将最终用时标注在画面下方。后来笔者发现这个方法不过是在浪费时间。因为，在这个计时过程中我们总会下意识地去注意时间而无法将精力集中于对画面的表现。笔者认为我们需要适宜的速度，并不是画得越快越好。例如，本书图例下标记了 3 分钟，并不是说必须严格遵守这个时间限制，只要在 3 分钟左右完成即可，即使用了 5 分钟也未尝不可。本书的目的并不是教大家如何尽可能快地去完成快速表现，而是希望读者可以将快速表现中对提高速度的追求转化为对绘画技法的快速掌握。

本书的出版得到了清水英雄事务所株式会社英雄先生、新家事务所新家诚先生的大力支持，同时，出版社编辑大田悟先生提供了很多建议。担任本书编辑的三富仁先生、设计师甲谷一先生也倾注了很多心血。多亏各位的帮助，本书才得以顺利出版。再次向帮助过笔者的各位致以最真挚的感谢。

作者简介

长谷川矩祥

1945 生于横滨

1964 毕业于神奈川工业高等学校工艺图案科

　　　　进入日本乐器制造株式会社（现YAMAHA CORPORATION）工作

　　　　主要负责乐器、体育、家具、logo设计

1987 从事居住空间设备开发工作

1988 负责居住空间设计工作

1992 任职于YAMAHA LIVINGTEC CORPORATION　担任居住空间设计室长

2005 离开YAMAHA LIVINGTEC CORPORATION自立门户

【目前的主要工作】

空间设计、效果图绘制、logo设计

设计方案传达、汇报技巧讲授等

【出版图书】

《室内设计色彩技法》《室内设计快速表现技法》

《室内设计构图技法》《室内设计效果图技法》

《室内设计模型制作表现》《室内设计超级表现技法》

《室内设计超级色彩技法》《彩铅效果图超级技法》

— Graphic CORPORATION出版

《记忆快速表现》《交流快速表现》《展示快速表现》《通俗易懂的快速表现

语言·4级》《通俗易懂的快速表现语言·3级》《通俗易懂的快速表现语言·

2级》

—（株）Housing Agency出版社出版

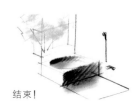

结束！

タイトル：住まいのスケッチ・スピードトーク
著者：Noriyoshi Hasegawa
（※日本語ローマのどちらでも可）

© 2019 Noriyoshi Hasegawa
© 2019 Graphic-sha Publishing Co., Ltd.

This book was first designed and published in Japan in 2019 by Graphic-sha Publishing Co., Ltd.
This Simplified Chinese edition was published in 2021 by Liaoning Science and Technology Publishing House Ltd.

Japanese edition creative staff
Book design and layout: Hajime Kabutoya (Happy and Happy)
Editor: Hitoshi Mitomi (Graphic-sha Publishing Co., Ltd.)
Collaboration: Shimizu Hideo Office Co., Ltd., Araie Office, Satoru Ohta

©2021 辽宁科学技术出版社
著作权合同登记号：第 06-2020-136 号。